U0345051

你值得更美

Roger 的第一本美丽方法书

郑健国 著

天津出版传媒集团

天津科学技术出版社

著作权合同登记号　图字：02-2014-409

图书在版编目（CIP）数据

你值得更美 / 郑健国著. -- 天津：天津科学技术
出版社，2014.10
　　ISBN 978-7-5308-9239-8

　　Ⅰ．①你… Ⅱ．①郑… Ⅲ．①女性－服饰美学－基本
知识②女性－美容－基本知识③女性－化妆－基本知识
Ⅳ．①TS941.11②TS974.1

中国版本图书馆CIP数据核字（2014）第240062号

————————————————————————

责任编辑：方　艳

天津出版传媒集团

██ 天津科学技术出版社出版

出版人：蔡　颢
天津市西康路35 号　邮编300051
电话：（022）23332695
网址：www.tjkjcbs.com.cn
新华书店经销
北京彩虹伟业印刷有限公司印刷

————————————————

开本787×1092 1/16　印张15.5 字数150 000
2014年12月第1版第1次印刷
定价：36.00 元

Contents

通过对这十位女性的描述，我想刻画出美丽的十种样貌，与其内在的态度与精神，它们是让女性发光的钻石，更是女性最美的配件。

赋予灵魂之美

    Roger 是个很认真的人，他擅长从他那细腻的眼睛出发去看待这个世界的美丽。做造型的人，要做到像 Roger 这样不容易，以他的人生经历、独特的美感，看透、看尽人的本质，再把人创造出另一种全新的样貌却又保有真实的个性。美女，很多时候就是指那些穿着华丽、装扮时尚的女人，但 Roger 不是这样定义的。他会懂她们的故事，赋予她们新的灵魂，美丽又不落俗套，也难怪有那么多美女与他合作过后都变成至交好友。唉……男怕选错行，女怕嫁错郎，早知道，我就不选择当制作人了……

知名制作人 **王伟忠**

美丽，挥洒绚丽色彩

认识 Roger 老师几年来，最敬佩的就是他对美丽的追求与执着。总是温润又令人充满安全感的 Roger 老师，凭借对各种人、各种事物敏锐又深入的观察和永不间断的自我精进，在彩妆、时尚专业领域中挥洒出独特又绚烂的色彩。

收到《你值得更美》书稿时，我正准备搭机前往欧美参会。于是在座舱中拜读了 Roger 老师对美的见解：以正确的观念为基础，由内而外一步步地了解自己，琢磨精进后表现出自我就是一种美丽。转念一想，他的这个理念似乎和我在艺术珠宝的创作上有异曲同工之妙。

纽约、巴黎街头，并非每个人穿上最新一季的潮流服饰，就能将个人风格表露无遗，时尚正是一场流动的飨宴。远眺巴黎铁塔，感谢 Roger 老师带领我从不同角度再次体验美丽，也推荐给所有相信自己值得更美的读者。

THE ART JEWEL 品牌总监

Cindy Chao 赵心绮

自序

想象可以打破，你值得更美

　　这本书不同于一般的工具书，没有大量的彩妆步骤、服装穿搭的教学配图。因为，这是一本全新尝试的美丽"观念书"与"方法书"！

　　这是一本关于美的入门书，本书从服装、彩妆与保养的正确观念谈起，让你在面对如山的网络信息、穿搭与彩妆示范教学、看工具书、面对商品的选择时，都能先树立正确的观念，然后做出选择。

　　所以，我以最根本的"正确观念"为核心，以"方法"为主轴，让美丽能在生活中落实。观念，是我们做事的指导思想。观念对了，我们就可以找到正确的途径，拥有美丽不再需要走冤枉路，你将知道，你值得更美！

我进入美妆与时尚界将近三十年了，很荣幸能一路目睹台湾女性的美丽成长，更希望自己在这个领域能有点小小的贡献，帮助女性变得更美丽。于是，便写了这本书。

为女性创造美丽，一直是我持续三十年来从不间断在做的事，不管是化妆还是造型，都是我一生的挚爱。但在入行前，我也曾犹豫过，因为当时有两个工作机会在向我招手：一个是电视戏剧的演出，走的是幕前；一个是婚纱公司的助理工作，走的是幕后。在这个人生的十字路口，我最后决定选择自己的所爱：从化妆与服装的助理做起。

刚开始工作的几年，日子就在一针一线与不断练习化妆技巧中悄然飞逝。我过着每个月领一万多元的薪水、平均每天工作15个小时的生活。曾经为了缝几千颗珠片到婚纱上，弄得手指头满是扎伤；也曾经因为长期提着重达好几千克的化妆箱而发生常态性肌肉发炎。当时我并没有想过辛不辛苦的问题，因为这是我自己选择的道路；再加上家里很反对我入这一行，倔强使我反而更全心地投入工作，只想证明自己不是一时兴起或玩票。最重要的是，每当我化完妆或完成一个造型时，看到女主角脸上的笑靥如花绽放，这对我来说是一份多么棒的礼物。每一次都让我知道，自己所做的一切都非常有意义，在那一刻疲、累都蒸发了。

工作上历经几年的耕耘后，因缘际会之下我又有机会参与唱片、广告、电影、演唱会、舞台剧等工作的化妆与造型，也通过演讲与活动，慢慢有机会去帮助更多人解决美丽的问题。现在我回头看自己走过的路，没有一丝的不满足，有的是更多的感恩与感谢。这也让我问自己，我还可以再多做些什么吗？这正是我出这本书的初衷：不以既有的工具书模式为雏形，而是通过三十年来所累积的专业与经验，化为观念与方法，希望能帮助更多女性变得更美丽，并且用比较系统、条理的方式，去回答之前许多人问我的问题。

"Roger 老师，为什么我都按照书上步骤图去做，认真保养，可是肤质仍然没变好？"

"我照着工具书上教的，不断练习上妆，可是我的底妆看起来还是不够完美，总是没办法画得很干净。是我的方法错了，还是没有选对产品？"

"我喜欢穿的衣服，风格都很固定，久了我都觉得自己太一成不变！但是要改变风格，我又不知道从何下手，老师可以给我一些建议吗？"

从服装穿搭、保养到彩妆，有些问题是演讲时听众的提问，也有工作上接触的明星、名人与工作人员聊天时问起的。在这个提问与解答的过程中，其实，我常有冲动向女性致敬，因为现代女性不仅要花费巨大的精神与时间在工作上，还有许多人是工作与家庭兼顾。但不管如何辛苦，大家都仍想好好地去照料自己的外在，不放弃变更美的可能性。在我眼中，这种女性真的非常可爱，而我也深信，她们都值得更美！只是很可惜，错误的观念、错误的方法与习惯，又或者是选错了产品，而使她们的投入与回报不成正比，包括时间、金钱与用心都是，相当的可惜。

四年前，我曾说过我不做彩妆工具书。并不是因为我自以为是大师，所以不做工具类，而是因为市面上的工具书已经非常多而完整了，并不需要我去锦上添花。或许，我认为"美"应该是一件很个人的事，它应该充满个人风格，有自己的态度与美学在，你才能成为独一无二的你。但我完全不否定工具书的价值，也赞成大家去阅读，因为学习与模仿永远都是初学者必经的阶段，就像厨师要先了解与熟悉各道菜的料理方法，才能融会贯通找到自己的一套，这些道理同样适用于化妆、服装穿搭与保养。

在这种种过程中，你的服装、保养与美妆的"观念"就相当重要了，观念正确，不管你面对多少技法教学、推销与产品选项，都能让你做出正确的判断与选择。而一本以观念为核心，延伸出方法，让美丽可以在生活中实践的书，就慢慢地在我脑海中浮现出来。在酝酿了这个念头两年后，我在真正做这本书前，内心还是有小小的挣扎。一本谈服装、化妆、保养的书，却不符合市场的常见做法，没有大量步骤配图，反而从观念切入，以方法与文字为主，逆行于市场主流，读者会接受吗？

我的外表看似斯文，从小却性格反骨而忠于自己的意念，让我终究选择了去做一本我认为会对大家有所帮助的书。这是一本打破对工具书的既有想象、颠覆"学习美丽"一定要有明确范本与教学步骤的观念书、方法书。如果你不喜欢"复制式""快餐式"的美，那么我相信这本书一定能对你的美有所贡献。如果你习惯看工具书与网络上的彩妆与服装穿搭教学，那么这本书则是阅读那些信息前的最佳前导书、入门书。

透过观念分享、方法与提醒，希望这本小书能让"美丽"在你的人生中开花结果。而且我相信，拥有美丽绝对不需要额外花大钱，只要观念对了，习惯与方法稍加调整，再加上用心执行，你就可以主导自己的美丽。所以，在此我希望大家能够再送给自己一个小礼物——"30分钟的美丽时光"，把书里的内容，灵活实在做到利用好这30分钟。

一直以来，我都主张不管再怎么忙，每天都要记得为自己保留30分钟的时间，做任何与美丽有关的事儿。这里所指的"美丽"不只局限于外表，任何可以让你更喜欢自己、内外都朝"美好"迈进的事儿，都可以放进这30分钟中。这时，请一定要沉淀你的心情，好好地静下心来与自己相处，细细品味在匆促生活中给自己的美丽小情调。

也就是说，你可以依照自己的美丽需求，选择书中你想要执行的部分，像是帮助你外在美丽的保养，擦乳液、敷面膜，或者按摩你的脸，也可以是阅读、做瑜伽等任何能丰富你心灵的事儿，这是内在的美。而且在这"30分钟的美丽时光"中，也可以多件事同时并行，例如你可以一边敷脸一边保养指甲，也可以为自己泡一杯花草茶，再为自己点上帮助舒缓心情的蜡烛，边阅读女性时尚杂志。乍听之下这30分钟似乎没什么，但别小看这短短的30分钟，如果每天30分钟可以为你的美丽加分0.5，那么一年下来，累积的美丽积分就相当可观了。

虽然在这本书中说的事情大多有关女性，但这"30分钟的美丽时光"心法并非女性专属，也适用于男性，因为"美好"的外在与内在，是不论性别与年龄的。男性也可以在这30分钟中，充实自己的品位与"进补"精神食粮，或者为自己的肌肤来一场深层清洁大扫除，是沉淀自己心灵的最佳时光。有没有办法每天拨出 30 分钟来犒赏自己，只看你愿不愿意去做，这就和你的动心程度有关了。如果你跟我一样，都相信自己值得更好，也愿意把时间投资在自己身上，你会发现时间是可以规划出来的，而在实践中，所有的美好都可能实现！

书中的一些观点，或许和主流说法不同，但我仍然想很"Roger"地忠于自己的专业与判断。这当然也包括书中提到的几位美丽女性，她们未必是众所公认的首席美女。但多年以来，我在她们身上看到了许多女性专有的、极美好的特质，那确实能让一名女性闪闪发光，也充分说明了美丽不只是外在，还有内在的态度与坚持，都会让你的美无法被忽视。所以书中我首先提出我对几位女性的描述，之后才是服装、保养、彩妆。我希望在分享美丽的方法与观念前，先分享美丽的态度面，因为想要美丽除了要有观念、技法与方法，态度更是最不可或缺的关键。10 位女性，10 种我被感动的美，希望也能让你有所收获。

我们每个人，都是自己的主人。人生的风景能否美丽，我们都应该给自己更多的可能性与期待，从外在的美丽到内在的美都是，也别小看自己的可塑造性。现在，借由这本小书，我诚挚地邀请你与我美丽同行。

美丽能度篇

Part I

晴朗天空下，美丽在盛开

十位美丽女性的故事

美丽不只是技法，不仅存在表相。
内外合一是美丽的最美好境界，通过对这十位女性的描述，
我想刻画出美丽的十种样貌与其内在的态度与精神，
它们是让女性发光的钻石，更是女性最美的配件。

舒　淇　粉红色女孩
莫文蔚　紫色薰衣草
徐若瑄　彩虹美人
张小燕　透明色的燕子
张惠妹　红色的"妹力"
蔡依林　白色繁花
萧亚轩　银色闪电
徐熙娣　蓝色美人
陶晶莹　绿色的大树
蓝心湄　金色天蝎

向美丽致敬

一直以来，我都深信"美丽"是有意义的存在，它能打动人心，带来力量。真正的美丽并非智慧的敌人，而是在智慧与努力的双翼下共生并存，美丽才能勇敢地展翅飞翔，进而盛开芬芳、触动人心。

通过书写十位女性的方式，我想刻画"美"的面向，在某种程度上算是"大胆"尝试，毕竟美丽是主观的，是抽象的，甚至是自由心证的，但我在长期与书里十位女性互动的过程中，亲身体验到那个美。于是，你可以发现，所有的美丽都有其由来，美是有道理存在的，而她们正符合了我对美的中心思想。

这些共通特质包括，美丽的女性绝对有其独特性，无法被复制、那么的独一无二，从小燕姐、小S、莫文蔚、张惠妹、舒淇、徐若瑄、陶晶莹、蔡依林、萧亚轩到蓝心湄都有这种特质。这十位女性也都拥有非常真实的内在，充满智慧，懂得选择，同时也非常努力。美丽的女生从来都不会轻易地放过自己，也因此，她们的美能产生力道，鲜活而具有生命力。

我相信真正美丽的女性，都有以上的特质，而且这些特质是能被看见的，在我工作的三十年中都充分被印证了。你很难去评论这些美丽的女性，她们像谁或谁像她们，因为她们的独特性散发出无可取代的专属魅力，让她们成为引领者而不是追随者，是被模仿的对象，而不是复制者。

　　与其说我想描述这十位女性的美丽样态，还不如说，我更想分享她们因为什么而美丽，也就是美的由来。外在的美丽，永远及不上内在灵魂的风华。从她们身上，我看到美不仅是表象而已。所以，每一位想要往美丽迈进的女性，永远都不要忘记去探索自己的内在，去深化自己的美好特质。你找到自己的内在价值了吗？这些价值必然存在于你的某个部分，我深深相信。

　　若寻寻觅觅后，你还是看不到自己的美，相信我，你只是长期太忽略你自己，所以美好而闪亮的特质，会像顽童般先躲起来，以至于你以为它不存在。去发掘自己的灵魂吧！去耕耘自己的美好特质吧！或者，去唤醒自己沉睡中的美好，然后拾起它，好好地擦亮它，因为那才是能让你真正耀眼的无价钻石。

　　我看到了这十位女性不仅爱自己，对自己的要求与期待更是攀过一山又一山，她们都相信自己值得更好，也为自己赢得更棒、更丰富的精彩人生，同时更造就了美！这些如此地打动我，而在这里的分享，即是我向"美"的致敬。

chapter 1

Pink girl

舒淇 粉红色女孩

在认识舒淇一段时间后，我才恍然大悟，
我想象中的舒淇，跟真实的舒淇并不一样。
她比我以为的更真，更小女孩，也更粉红色，
更努力，也更勇敢，同时还教会了我人生很重要的一课。
在我眼中，她的美丽很耀眼。

谦逊与慈悲是女子最好的彩妆品～共勉之～

2012 年年初，美国电影网 TC Candler 公布了第 22 届《全球100 张最美丽的脸孔》，其中舒淇名列 29，也是前 30 位名人中，唯一上榜的华人女星。十多年来，舒淇的美被全世界看见了。但我第一眼见到舒淇时，并不觉得她很美，只觉得这个女孩子很真，没有一丝的矫揉造作，在演艺圈中显得特别的与众不同。时间，倒回到 1999 年。

那一年，我担任香港歌手张国荣演唱会的化妆师，这也是我第一次遇见舒淇。当时，她刚在香港出道，初初崭露头角，是电影圈中备受瞩目的新人。那次舒淇应"哥哥"之邀担任演唱会的特别嘉宾，在后台时，"哥哥"介绍我们认识。从此，展开了我与舒淇超过 10 年的友情。

十多年来，我有点儿讶异，却也不真的讶异。舒淇的"真"没有什么改变，这是她最美的方面。要维持"真"，在演艺圈这种高压又复杂的环境中，真的很难；但我又不讶异的原因是，这发生在舒淇身上却显得非常自然。一开始认识舒淇时，她叫我 Roger 哥哥。很明显地，舒淇心里面住了一个非常女生的小女孩，有着粉红色的灵魂，会喜欢 Hello Kitty、可爱的小东西。一直到现在，我认识的舒淇都还是粉红色的，并且继续保持简单的想法，不让负面与复杂的思绪纠葛自己，又能坚强而勇敢地去面对现实。

舒淇的坚强与勇敢，让我印象特别深刻，这让她的美很真实。我还记得几年前，有次舒淇面临了一些负面恶意的攻击，放在任何人身上都会非常难受。她身边的每个朋友都想去安慰她，却又不知从何开

口。事情发生的当时，舒淇静静地跟我说："跌倒了会很痛，但不管会不会痛，就拍一拍，站起来，继续往前走。"这是她面对事情的方式。谁跌倒了不会痛？身为巨星并不会不痛，可能还更痛，但让自己能够站起来，就是她面对疼痛的方式。当时，我看着舒淇的侧脸线条，觉得她非常的美。

老天在性格这方面，给了舒淇很多的礼物，纯真、单纯、极度丰富的好奇心、勇敢、正向，很多天生性格让舒淇与众不同。但十多年来，她并没有让自己心中的那个小女孩，变得世故与复杂，同时还保持极度的努力与认真。舒淇不管在工作上、服装品位上、保养上，还是在许多其他的层面，都是我见过最具好奇心的女生。遇到不懂的事情不会假装自己懂，而是率真地带着好奇心说："我不懂耶！"接着会开始去认真学习与研磨自己，包括演技。

之前舒淇在参与侯孝贤侯导的电影时，侯导曾为了要有最真实的演出，要求舒淇在开拍前，住在电影搭出来的家中一段时间，以融入环境。因为在自己的家，你一定会非常熟悉，这从很多小动作中都可以辨识出来。而舒淇自己也有很强烈的意念想把角色诠释好，所以在拍戏期间，她不仅把所有的事情排开不轧戏，还花了一个多月的时间，每天去剧组搭出来的"家"里活动与生活。我不知道换了其他演员，会不会愿意花上这么多的时间心无旁骛地投入。但舒淇对于演戏，从不吝啬投入。

在专业上，舒淇一直在成长蜕变，而在时尚品位与穿衣功力上，我一路看着舒淇走来。从十多岁、二十多岁到三十多岁，我也目睹了她多层次的变化。由于工作，舒淇无论是拍电影、广告、时尚杂志封面，还是出席影展与走红地毯，都会和服装与时尚密集地接触，里面包括了来自世界各地最顶尖的团队，她也因此在这部分的成长过程，有点类似过于快速的填鸭，但她让自己跟上了。可以跟上的原因，同样是舒淇很勤奋地做功课，包括大量阅读杂志与时尚信息，更愿意花时间多试穿服装。在这个过程中，我发现舒淇开始产生对服装的态度，包括整体造型上想呈现什么感觉与风格，以及如何去诠释一套服装。所以到现在，她不仅对服装有高度的掌控力，还能穿出具有识别度的舒淇式风格。

到今天，舒淇好像拥有一切了，但现在她还是有梦想，也正在努力实现中。这个梦想不是希望自己青春不老，而是通过一己的力量来唤起大家的参与，一起让地球青春不老！

其实早在好几年前，舒淇跟朋友出去吃饭时，她就会默默地拿出环保筷与汤匙，身体力行做环保。在以身作则一段时间后，她又开始跟周围的朋友"推销"环保的重要性，想把环保意识"渗透"到朋友中，还发给大家一人一套环保筷。一直到2011年，舒淇在筹备了一年多后，正式发起"地球天使"环保计划，从活动规划、影像发想到短片拍摄等，舒淇都全程参与。即使过程中会碰到以前从未接触过的事情，舒淇也不害怕，她就是抱着卷起袖子从头学起的态度。

这几年来，我看到舒淇对环保的响应与参与，更知道舒淇发起这个计划并非一时兴之所至，而是希望能身体力行，进而能长期有计划地去投入环保。她的那种思想很美丽，"我觉得自己得到很多，心里也一直存有感恩之心。我常想，自己能回馈些什么？我可以做得更多，回馈得更多吗？所以，那一刻我就知道，自己应该去做一些事情了！"

我看到的舒淇，她的美是内外兼具的，因为有信念也拥有梦想，这让她的美散发出真实的光，拥有穿透力的热。虽然舒淇的五官，并不符合一般大众对美女的标准，五官和比例比她更精致而完美的也大有人在。但我不认为这是观看美的方式：美不应该被模式化与形式化，否则我们就去欣赏假人好了。美之所以能有感染力，是因为其中有态度与精神，就像我看到的粉红色舒淇。而我自己呢，也因为认识舒淇，上了人生很重要的一课。

在接触舒淇的前后，我发现自己对她的印象有很大的反差。在没接触前，我认为她仅是个单纯、梦想成名、没有太多想法与内在的女孩子，而后来我的看法却完全被她颠覆。这种反差让我发现，原来，我们都太容易根据片面的认识就轻率地对人做出判断。这既不公平也显得自己无知，却又这么频繁地发生在你我身上。从此之后，我开始提醒自己不要随意地把人定调与贴标签，否则不仅对别人失礼，也会让自己显得很狭隘，更会让美好的人、事物，在不经意间溜走。

人生本来就有很多功课，这是我认识舒淇后，学习到的最重要的一课。教我的老师叫舒淇，她的美丽，非常耀眼。

chapter 2
Purple lavender

莫文蔚 紫色薰衣草

莫文蔚的美，就像她的歌，
有自己特殊的莫式语气，有自己的莫式韵味。
这些都来自于她知道自己要什么，
也永远会把自己先准备好，
所以她自信，所以她满身都有魅力。

给最懂我的 Roger：

你总能呈现最美丽的我，感谢在我人生最重要的

美丽时刻，都能有你的相伴。

　　1999 年我在张国荣的演唱会上，同时认识了莫文蔚与舒淇。两个人都是演唱会的特别嘉宾，都很闪亮，却是类型很不同的女孩。

　　一开始接触舒淇时，我看到的是一个比较典型的台湾小女生，很真、很可爱；而莫文蔚则是受过完整西式教育又被香港演艺圈的专业养成所洗礼的女生，进退应对很得体、很有自信，两个女孩子，两种类型。不过，虽然第一次见到莫文蔚是在张国荣的演唱会上，但其实早在那次演唱会前，我对她就已经有所耳闻了。

　　有一次，香港著名的电影美术指导兼服装设计师张叔平，跟我聊天时讲到一个让他印象深刻的新星。他的形容很简单却很精彩："你认识莫文蔚吗？没关系，以后一定会认识。这个女生从欧洲回来，是个很过瘾的人，还剃了一个大光头！"在广东话中，"过瘾"是很有趣、很不同的意思。这句话从大师张叔平的口中说出，让我开始对莫文蔚感到好奇。一直到"哥哥"张国荣的演唱会上，我才终于见到她。而我对她的感觉，正如张叔平所形容的：很过瘾的一个人。

　　初识莫文蔚，我就能感觉到她对自己的自信，这个自信来自于她很知道自己要什么，也永远会先准备好自己。例如在张国荣的演唱会彩排上，我就看到莫文蔚表现得非常精准，对每个细节都很认真，就算只有 1% 的不完美也不会给自己放水。我看到她对自己有要求，对观众有尊重。一个有条件又努力的人，怎么会被埋没呢？所以，当时我就在心里想，演艺圈又将诞生一位大明星。

　　有些人你跟她一接触，时间不用太长，你就会知道她已经把双翼锻炼得很坚实丰盈，足以振翅高飞，不管顺风或逆风，她都有能力翱翔。莫文蔚正是这样的女孩。因为她的母亲是香港电视台的主管，且从小她就在欧洲念书长大，她从不讳言自己想当明星，更因为对梦想感到骄傲所以能坦然直言，并且一直往这个方向努力。她学跳舞、学古筝、学表演，不断地储备能量，一路上比谁都更认真耕耘，当时间一到，她就尽情绽放。

　　对于美丽，我们很容易只看到结果，但在莫文蔚身上，我看到了强者并不是天生的，美丽是被汗水灌溉出来的。如同莫文蔚独特的嗓音让人心醉沉迷，但背后是她从不放纵自己的饮食，不吃油炸食品也不吃冰的东西。想把嗓子维持在最好的状态，于是她十年如一日地执行，其中所需要顾虑到的细节，以及一路走来的自制力，是很难想象的。她的身形完美，一双修长而紧实的美腿让女生羡慕、让男性心荡神摇，但多年来她都保持运动的好习惯，演唱会前更是花许多时间在体能训练上，因为她永远会把自己准备好。

　　因为知道自己要什么，所以莫文蔚努力并且全力以赴，这些都让她的自信非常真实。当你的自信是有所凭据，而不只是为了要表现给别人看而强撑，那么你就会对这样的自己感到舒服而自在。相信我，你的舒服与自在别人也能感受到。而这样的女生，你说美不美丽，迷不迷人？

我很钟情于莫文蔚的美，她的美来自努力、自爱、自信而且自在，是现代女性对于自我肯定的经典代表，自信与独立美的典范。所以，你也不难发现即使大家都在做同样的事情，莫文蔚也会因为了解自己而不随波逐流，更不需要跟大家一样来获得安全感，例如彩妆就是。现在，许多女生都习惯戴假睫毛出门，而明星拍照时更把假睫毛当作基本配备。但莫文蔚却不喜欢戴假睫毛，其他我化妆过的女明星中，还有钟楚红与舒淇也是如此。

戴不戴假睫毛并不是重点，当然有绝对必要时她们也会戴，但是知道自己适合什么才是关键。莫文蔚在这一部分很清楚自己要什么，想成为什么，所以很特别的是，从她出道至今，你应该不会听到有人说，莫文蔚好像谁，因为她最像她自己。

这里说的都是态度：你有勇气做自己吗？还是要成为别人期待的你？你想要安全地面对人生，还是想表现最真的自己、探索所有的可能性？态度将会影响一个人的魅力，而我所看到莫文蔚的美就是这样的无可取代，展现出专属于她独一无二的自己。

chapter 3

beauty

Vivian 徐若瑄
彩虹美人

徐若瑄的美，不是一道 A 或 B 的选择题，
而是耐人探究的申论题。
她可以天真又可爱，同时又坚韧又体贴，
融合了女孩与女人的特质于一身，
面向这么多元，美得如七色彩虹。

通过 Roger 老师细腻的手，及对人、对事物都观察敏锐的眼，和一副对生活正面、乐观、念旧、善良的好心肠，他创造了数不清的美丽作品。相信这本书，会给所有女性朋友带来对美更深度的认识。这是一本难得的好书，是一份用经验和时间换来的，给我们最好的礼物！

以前的徐若瑄 Vivian，我会用"可爱"形容她，而如今的徐若瑄，"美丽"二字当之无愧。

我第一次认识徐若瑄，大约是 10 年前她在日本发展的时候。当时徐若瑄在日本已经是家喻户晓的台湾明星，非常的红。刚好有一次我去日本和朋友相约吃饭，徐若瑄也来了，我们就这样认识了。

第一次吃饭遇见徐若瑄时，我心中浮上的正是"可爱"两个字。她一进来就像只活泼的雀鸟，叽叽喳喳又蹦蹦跳跳。我看到一个好可爱的女生，和在电视上的她印象差不多，但却更活泼也更讨人喜欢。之后，我们因为工作上的合作又有接触，那次徐若瑄回台湾拍广告，我负责她的化妆与造型，再加上她和舒淇也是很好的朋友，就这样，随着更多的互动与私下接触，我对徐若瑄的看法也慢慢转变了。

一开始我以为的"可爱"，早就不足以形容徐若瑄的魅力了。她有许多无法单单以可爱来形容的方面，像一道彩虹。最初我只见到橙色，以为活力、明媚的灿烂就能代表她；但后来又看到红黄绿蓝靛紫，好多颜色。原来，她的美丽里有这么多的色彩。

徐若瑄非常孝顺，这点大家都知道，但在听到她撑起一家人，张罗处理家中的大小事时，还是很讶异一个看来这么天真性感的女孩子，内在隐藏着如此巨大的女性韧性。我再次发现，原来这些大家眼中漂亮的女生，内心是这么的坚强与坚韧。而有段时间徐若瑄的父亲身体不好，她更是竭尽所能地以各种方法去改善父亲的健康状况，我听到时非常动容。

　　在徐若瑄的身上，有这么多不同的女性特质存在，许多大家以为矛盾的，她却能同时拥有。时而天真，时而坚强，时而可爱清纯，时而坚定有自己的想法，在角色间转换得非常好，丝毫看不到一丝不自然或刻意的痕迹，是我认识的女性中，"女孩子"与"女人"特质都很鲜明，却同时拥有的一位。这让徐若瑄的美，像一杯年份不久却蕴含深度的佳酿。

　　能成为这样的女性，我想也跟徐若瑄在生活与工作上，都有自己的主见有关。有一年徐若瑄出席金马奖颁奖典礼，那次我帮她化妆。她说，Roger 我想化什么样的妆，表达得非常清楚明确，你就知道她绝对动脑筋先思考过，但在提出想法时，又不会以一种过于锋利、强势的方式去表达。

　　在收与放的智慧间，我觉得徐若瑄表达的方式非常好，也可以作为女性很好的参考。你的聪明可以外露，或是锋利得让人不得不注意你的存在；但你还有另一种更睿智的选择，就是以轻盈而收敛的方式去展现，这反而会让人更能接受与欣赏，就像徐若瑄。

　　我还记得有一次跟徐若瑄工作，也是拍广告，那次我同样也是负责造型与彩妆。在广告中设定徐若瑄要穿和服，所以当天我们先定装，也就是让徐若瑄试穿准备好的和服，再做最后的调整与确认。不过，由于日本的和服有一定的穿法与习俗，"左上右下"是一般的穿法；"右上左下"则是丧礼穿法。但我们都不知道这件事，也就疏忽了，准备的和服是"右上左下"……

徐若瑄曾在日本待过，知道其中的习俗穿法，于是她把我拉到一旁说："Roger，不是这样穿的，这种穿法是不好的。不过没关系，我们现在只是定装，你赶快改一改就好了。"对我来说，这是一次很宝贵的经验，原来穿和服也是有常规的，我想我再也不会忘记了。而徐若瑄以很善意且留面子的方式来提醒我，她那颗对人体贴的心，让我印象更是深刻。

与徐若瑄多次合作下来，我看到一个很爱自己职业，也极度敬业的专业工作者。我几乎从未看过徐若瑄在工作上对人大声或出言抱怨，在与人沟通时眼睛都会直视对方，也永远会先和人打招呼。因为，当你爱自己的职业时，展现于外的行为，就会有这种敬业的表现。

是的，可爱已经不足以形容徐若瑄了。从歌手出道，到现在徐若瑄早已成为全方位的艺人，并且展现在填词上的才华，让人知道偶像派与实力派是可以合而为一的。这是徐若瑄一步一个脚印为自己赢得的成绩，多元的面向让她的美丽不单单只是 A 或 B 的选择题，而是可以去探索的申论题，就像天空中的一道彩虹，多彩的美丽。

chapter 4

Lovely
swallow

小燕姐 张小燕
透明的燕子

泥土、大地与空气，总是以最轻盈
而不带来负担的方式，滋养我们，赋予我们力量。
我认识的小燕姐，正像孕育万物的大地，
以她内在的人生智慧，架构出女性美丽的最高境界。

大家都认定 Roger 如果肯为你做造型，你就会变最美的！
但我想如果你能跟 Roger 成为朋友，那才是最幸福的！
因为他真诚、温暖、懂得倾听，而且是个永远在背后
支持你的"益友"！

在工作至今的三十年中，我结识了许多出色女性。有些在长期的互动与情感累积下，我把对方视为家人、亲妹妹，像舒淇就是；有的则是我相当尊敬的前辈，在她身上我仰望到做人的高度，心中视她为导师，例如小燕姐。

所以要去论述小燕姐的美，真的让我觉得自己逾矩了。但是，小燕姐让我看到了女性美丽的最高境界，是没有边际的，我非常想去描述这样的美，所以还是决定大胆逾矩一次，和大家分享我所领略的美丽的小燕姐。对我来说，小燕姐的美带有泥土的温润，又有着透明感，非常特别。她让我联想到可以包容一切、孕育万物的大地之母；另外一方面，她那像是可以穿透所有事物的洞悉力，以及对人犹如微风轻拂的善心良意，则带着疗愈性的透明感。有趣的是，回忆起第一次见到小燕姐时，我却是抱着极大的"畏惧"之心。

第一次接触小燕姐，是因为一场大型晚会，那天我担任小燕姐的彩妆师。当时的我已经身兼专业彩妆师与造型师数年了，也累积了不少和明星工作的经验，算是训练有素的熟手。不过由于早在我入行前，小燕姐就已经是赫赫有名的主持前辈；再加上我认为她的睿智是那么的锋利，所以首次面对小燕姐时，心跳竟然隐隐约约地加快了，我不由自主地紧张与害怕起来。

是的，我眼前出现一位娇小的巨人，她一流的专业，也一流的聪慧。但出乎我意料的是，这位巨人竟然在见到我的第一眼时，就看穿我自以为隐藏得很好的紧张与害怕，还反过来宽慰我"别害怕呀"。小燕姐笑笑地对我说。原来，在小燕姐面前，你真的不用隐藏自己，即使被看穿也不需要没安全感，因为小燕姐对人始终有很大的善意与同理心。但当时我还不清楚小燕姐的为人，只是像个孩子般更害怕，心想："怎么我一眼就被看穿了，原来我在小燕姐面前是赤裸裸的！"还好那次的工作表现并没有受到影响，却从此开始，我被小燕姐慑服了。

之后跟小燕姐再熟识，则是因为阿妹张惠妹的关系。由于阿妹在丰华唱片时，我负责打造她的妆容，所以经常需要跟小燕姐开会互动。在这个过程中，我不仅有机会听到小燕姐聊到她对身处演艺圈的为人处世与想法，更看到了她的身体力行。尽管当时我对小燕姐的一些做法，并不完全理解，有些甚至多年后才想通，但这些却成为我一辈子做人的最大资产之一，其中印象最深刻的经验，是发生在香港的一次演出期间。

当时有厂商邀请阿妹拍广告，拍摄的地点是在香港。负责的广告公司因为很尊重阿妹的巨星身份，所以订了香港的半岛酒店，而随行人员则住在附近的另一家饭店。小燕姐知道了之后，就跟广告公司说，不用特别分两家饭店了，如果工作人员住在另一家，那么就安排阿妹跟随行的工作人员住同一家饭店吧。

为什么阿妹不能去住半岛酒店呢？大家都不太理解小燕姐的安排，虽然那次原本我也被安排住在半岛酒店，但也不可惜自己因此没住到好饭店，只是心中有着同样的困惑。我当时认为：明星被高规格的特别对待，不是很"理所当然"吗？

小燕姐像是知道大家的疑惑，她跟我们说，艺人要懂得惜福。能够

替别人多着想，就要多去替别人想。因为，有能力为人着想本身就是一种福气了，所以我希望如果其他人都住另一家饭店，阿妹就不需要特别去住半岛酒店。

在小燕姐说这话的当时，其实我仍然不太理解。直到事隔多年回头看，我才看懂与想通。现在我很认同她的想法，很多时候，真的不需要用过多的外在事物去证明艺人的地位，因为那证明不了什么，甚至只会消耗自己，就像出国工作一次带 50 位随行人员，是真的有工作上的需要吗？还是，只为了要彰显出明星的地位，而去做外在规模上的定位？

小燕姐一直都不吝于带给周围的人正确观念，即使有些做法看似不讨好，甚至逆行于市场上流行的速成操作，但她始终坚持有所为与有所不为。就像无论怎样狂风暴雨，土地依然是在那儿，就算人类怎么去耗损地球、污染环境，大地并不会因此而改变自己的本质，也无损它的存在意义，这就是小燕姐。

很多人在小燕姐的言行与身教下，成为"有能力体贴别人"的人，也有机会可以让自己更清楚地去看待所处的环境，朝向正确的价值观迈进，这都是身为一个"人"，最珍贵的内在资产。

在小燕姐身上，我看到了女性必须历经时间的淬炼，才能拥有的特质。她的美丽因为智慧而没有边界，超越了岁月的限制。这是我心目中认为美丽的最高境界，其他所有的细节在这种美丽之下，都不值得再去探究。我衷心地希望，我的人生智慧能更接近小燕姐一点儿，而我与正在阅读的你，都能攀登至这个美丽人生的峰顶。

chapter 5

Red charming

A-Mei 张惠妹
红色的"妹力"

有的人用笔来书写人生，
有的人用影像来记录自己与社会。
而阿妹张惠妹，则用她的歌声，
唱出最精彩的世界，刻画自己的美。
她是一个充满爆发力的炙热艳阳，
有时却又似朝霞，眼波流转如是妩媚。
这些都是阿妹：坚强、美丽、脆弱、霸气、
温柔、热情，都并存于一身，
让她如此独一无二，"妹力"在阳光下尽情发射。

Roger 最强大的功力，不仅在于他化妆的手艺
和对造型的品位。而是当他陪在你身边，
你就拥有了最珍贵的安全感。

在这个万事万物都很容易变成过眼烟云的年代，阿妹张惠妹是真正的巨星。她用歌声穿透人心，用声音流露出浓郁情感，一再牵引我们的情绪；有时怕听得太动情想要后退，却发现自己已经被占领。

我还记得好几年前，有一次我听到阿妹的歌《我最亲爱的》，一句"我最亲爱的，你过得怎么样"像是为我们唱出了心中想对某个人，一直想说却没有说出口的问候。听完后我忍不住发短信给阿妹，"我突然想到，我好久没跟你联系了。亲爱的，你过得怎么样？"当下我自己有很多感受：有些话与关心，想说出口时就直接地说吧，我们应该要多爱身边的人。听一首歌，心里涌出百般滋味，这就是音乐的魅力，阿妹歌声的魅力，她唱出了许多人的心声与心情。

阿妹声音的美与穿透力以及她的舞台爆发力与渲染力，我想，都跟她的内在性格有关。多年前在阿妹《牵手》专辑中，我们有了第一次合作，她拥有如狮王般强大的征服性；在舞台上、在音乐上，阿妹是绝对的王者，她就是要用声音去征服所有人，是一个天生要站在人前的歌手。到现在她身为天后了，依旧在舞台上唱到最后一首歌时，仍火力全开，直到身体的力气被抽尽，完美谢幕后被抬下舞台。对她来说，表演没有"还不错"，她就是要做到"极致"。看到这样的阿妹，如何能不爱她、不赞赏她？

而我工作到现在，阿妹也是我遇过领悟力和学习力最强的一个，你只要一说她就懂。在做《爱上卡门》的音乐舞台剧时，我看过阿妹做的无数场彩排，每一场导演只要稍微说明，她就能立刻领略到其中的意义，整个人唰的一下进入卡门状态。她在日本演出《图兰朵》时，更展现出她的征服性与迎接挑战的个性。平心而论，以阿妹的华人天后地位，她没有必要再去用完全不熟悉的语言，演出大家都熟悉的故事，其中的难度与压力可想而知，但阿妹却让自己的人生持续迎接更多和挑战与可能性。这种种内在特质都化为歌声的情感与魅力，少了一味都不会是阿妹。

与其说阿妹是舞台上的女王，不如说她更像一个狮王。阿妹出生台东原住民卑南族的母系社会，在生活中，她总是把家人、身边的朋友与工作伙伴都照顾得很好。但另一方面，阿妹又似我们每个人，内在都有脆弱的一面，也需要陪伴与关怀，这么真实的一个女生，像你我身边的朋友。这两个方面都很鲜明，也正因为如此，我们听阿妹的歌总会动容，因为她毫不保留地用声音诠释自己。

我还记得没多久前，有一次我在朋友的派对中遇到阿妹。那天晚上我迟到了，阿妹远远看到我，就边走边跟身旁的人说，我要过去跟Roger 说话，接着就用力抱住我："Roger，我爱你！"我看到一个像太阳般温暖的笑脸，"Roger 你是从小看我长大的，我很爱你。"我也抱住阿妹说："有空时出来吃饭，等你手上的工作忙完，打电话给我吧。"阿妹听了就回我说："为什么不是你打给我？"相信我们都有这样的经验，虽然跟朋友不常联系，甚至不主动联系，但你知道心里的关心从来没有断过，我也一直不觉得这样有什么不好。但现在，阿妹让我知道说爱要及时，无论是对身边的朋友还是家人。

像阿妹这样一个感受性与感染力极强的女性，总会带给身边的人启发，就像她用歌声带给大家情感的共鸣。而她自己的美，更在这些年不断的自我突破中，越见丰厚而洗练，最后形成个人专属的"妹"力，一个最精彩而真实的女性，我们永远的阿妹。

chapter 6

White
flowers

Jolin 蔡依林 白色繁花

在演艺圈这个高压、瞬息万变、众声喧哗的环境中，
我看到 Jolin 蔡依林，是花花世界里的一株白色花朵。
她的内心仍保有刚出道时的纯净与小女生的甜美，
对照她在造型上的百变，让她的美丽如盛开繁花。

为梦想而坚持，为坚持而努力，看似疯狂的梦想，
却越发让他乐此不疲。Roger，一位对心坦诚，
对作品负责的 true artist！

若要选出演艺圈中的模范生代表，我自己一定会投给蔡依林（Jolin）一票。虽然我跟 Jolin 的合作不算多，但在她入行后没多久，我们就有了工作上的接触。我发现 Jolin 从入行到现在，个性一直都没有改变过，跟她说话时，仍可以感觉到近似学生的纯净感。对照她在舞台上不断的进步与绚烂百变的时尚造型，她的内在始终保有白色纯净的气息，是一种忠于自己的轮廓。

或许就是因为 Jolin 保有内在最珍贵的单纯，所以在同样的初衷下，念书时 Jolin 就是一个好学生，课业与课外活动都表现亮眼。在进入歌坛后，她仍保有好学生的特质——自我要求、绝对的执行力、坚强、努力再努力，这些都让 Jolin 在工作上能做到使命必达。那种坚强与努力，一如她在夺得金曲奖最佳女歌手时说的感言，至今仍让我印象深刻："要谢谢曾经很不看好我的人，谢谢你们给我很大的打击，让我一直很努力。"这些，都带领着她朝目标笔直迈进，并且缔造出自己的美丽，也让她的蜕变与成长，有目共睹。

我一直认为，人的性格真的会影响到她的职场表现，而 Jolin 就是最好的例子。演艺圈里有不少人，身上的某种特质很有代表性，充分展现出个人的魅力，分数可以达到 95 分甚至 100 分，但是观众没看到的其他部分可能是 60 分或 70 分；另一种则像 Jolin，努力再努力把自己的平均值拉高到 90 分，而她的光彩也是全方位的。

成功与美丽，鲜少是侥幸的事，这也在 Jolin 身上得到印证。以保持身材来说，大家都知道，多年来 Jolin 都非常小心地控制自己摄取的营养与热量，因为她知道必须这样做才能把状态控制好，纪律之严谨，绝非一般人能做到。以我认识的人来说，包括我自己，多多少少都会在出国旅游或休假时，偶尔自制力松懈，但这个状况却没有在 Jolin 身上发生过，那是需要多大的自我控制力！

我看到的 Jolin，一直都是个目标清晰而明确的行路者，一个步伐接一个步伐地往前迈进，每一步都走得扎扎实实，不管是舞技或舞台上的演出。现在的她从好学生变成演艺圈里的模范 OL，她上班、下班，下班时做回蔡依林，上班时转换到最高自我要求的工作标准，并且尊重专业，包括服装与彩妆上她都很愿意接受专业人士的建议，自己则专注在彻底做好演出的准备与练习。

从出道到现在十多年，Jolin 的美来自于坚强和努力，而这些都是态度面的东西。当你有这些态度时，你不仅能当自己，更能在百变世界中引领风潮，就像繁花中最纯白的 Jolin。

chapter 7

Silver
lightning

Elva 萧亚轩
银色闪电

星味十足、特色鲜明、天赋洋溢，
萧亚轩，这个魅力如一道银色闪电的歌手，
她凝聚了所有视线，美得华丽而脱俗。

生活的色彩来自于生命力的创造，Roger 老师为我挥洒出好几道
属于我人生中最重要的色彩，谢谢你让我如此精彩。

身为首位登上美国格莱美奖颁奖典礼星光大道红毯的中国台湾歌手，萧亚轩（Elva）一出道，旋即被誉为华语歌坛的四小天后，现在，她更是 2000 年后最具代表性与识别度的歌手之一。

演艺圈是一个相当残酷的舞台，有人要经过细火慢炖才能被看到，也有人是一闪而逝的流星。但却很少有人像萧亚轩这样，从出道到成名，犹如一道闪电，她身上糅合的特质，会让人不管喜欢不喜欢，都无法忽视她。天赋与才华、任性与坚持、好胜与努力、干净却华丽的银色魅力，这些都造就出萧亚轩的独特个人魅力与美丽。

我第一次见到萧亚轩时，是为她的第二张专辑做造型。初见到萧亚轩，我就像看到一颗逐渐被琢磨成型、光华已开始外现的宝石，身上散发出与她年龄、资历不太合衬的星味，非常少见。这时你就知道她天生拥有某些东西，才能拥有这种风采。

萧亚轩是天生的明星，这或许和她出身于良好的环境，看过很多出色、质地良好的东西有关。再加上有很高的天分，所以第一次见到萧亚轩，虽然她刚出道没多久，但我却看到了一个已经准备好随时发光发热的明星。不过，即使萧亚轩是很多人眼中的天之骄女，这点我也认同，但能拥有如银色闪电般的魅力，能凝聚视线，交出漂亮的歌坛成绩，我想，这也绝对是萧亚轩凭着自己的努力赢来的。

这让我想到帮她做的第一场户外演唱活动，她那往前冲、把努力最大化的性格，展露无遗。那个画面至今想来仍是历历在目，像是昨天的事儿，甚至现在想起仍感一丝心疼。

当时萧亚轩在歌坛已经初崭头角了，也很被看好，她自己更是为了这次虽然规模不大的演出，像拼命三郎般铆足全力，不断练歌与练舞。再加上她有着处女座要求完美的性格，那个练习好像永远没有止境。萧亚轩对于自己可以掌控的部分都做足了准备，就是想在舞台上完美演出，但是不能掌控的事情还是发生了。

那次的演唱会是在户外，当天天公不作美，下起了一场滂沱大雨，雨势之大让整体演出环境都很不利，我们知道一定会严重影响演出状况，萧亚轩自己也知道。但她说："哪怕舞台下只有一名观众，我也要上台！"所以，当我们在后台看到观众都没走，舞台上的萧亚轩则全身湿透了，雨滴不断地打落在她脸上，后来脚也扭伤了，但她仍不愿意放弃也不服输，在台上继续跳着唱着。那时，大家在后台看得多么心疼，眼泪都掉下来了，我们最清楚萧亚轩付出了多大的努力，只因为想把事情做好。

现在，我虽然已经不太记得做过多少张唱片的封面造型与彩妆，但萧亚轩的《明天》则是一张我想收录在我作品集中的作品之一。那一次我首次帮萧亚轩戴上非常浓密的假睫毛，因为我想为她呈现出巨星架势。我们也为了造型去日本采购服装，我很大胆地为她买了 SM 味道的铁面罩，非常有别于以往的造型。基于对我的信任，她还是坚持在 MV 中戴上，想开发自己的各种新可能。

造型是艺人的生命，有些人会很习惯沿用市场与歌迷接受的方式，有些人则志向更大一点儿，想不断挑战自己的时尚轮廓。萧亚轩属于后者，敢尝试新可能，敢挑战自己，而她的审美观又强，不会人云亦云，那就是我一直说的，一个人的"风格"之所以能诞生的关键。

这是一个严苛的年代，成功都不会是偶然。萧亚轩正是如此，而且她还能让你目不暇接，视线无法离开那道银色的闪电！

chapter 8

Blue beauty

小 S 徐熙娣
蓝色美人

天空湛蓝，海洋波光粼粼，
两个都是蓝，乍看简单，实则深邃而层次丰富。
蓝色让我想到小 S 徐熙娣的魅力，
美得一点儿都不单调，永远让人想去探寻。

老师有颗美丽的心，所以他看出去的世界如此美好！

在这十位我描述的美丽女性当中，小 S 算是其中"属性"较为特殊的一位，因为，我其实跟她一点儿也不熟！即便她是其中与我互动最少的女性，但我却无法不提她，原因在于，我真的很欣赏小 S。

近几年来，我越来越觉得小 S 是一个大智若愚、清楚自己在做什么、有大智慧的女生。从电视节目《娱乐百分百》到现在的《康熙来了》，她在主持上的火候越来越精准，嬉笑怒骂都能满而不溢，掌控好应该有的节点，也清楚地知道要如何扮演好自己的角色。深谙笑话讲多了就不好笑，玩笑开过火了就不叫玩笑。现在的她，工作上的优秀表现完全是来自于她的智慧与经验。

我看到小 S 在性格上的一些特点，有点像是看到我自己。在工作场合中，我们都怕冷场，所以会去做一些搞热气氛的事，但在私底下又非常的冷静而不多言，安然而自在。有时，我和小 S 会在机场或朋友的聚会上碰到，那时的她也很不同于电视屏幕上的模样，非常有礼貌而得体，这些都让我觉得她是一个懂环境也懂自己的女生。

小 S 在屏幕上的反差让我更为欣赏她，因为真要能拿捏好这些，是需要某种程度的自我要求才能做到。她能把屏幕上的角色和私生活中的自己切开，把演艺工作当成一份职业，真的需要很专业的意识，才能有如此专业的表现。

　　可能我们同样都是双子座，也因为我在这个行业待久了，所以会有一种特殊的职场直觉。虽然我们是属于不同的时代，但我却能感同小S的想法。在工作上与生活中，她总是尽力地把自己做好，因为不想麻烦别人，也许这中间会带有需要被认同的成分，可能是下意识地，想在这个过程中通过努力去建立自信，也或许她不完全是这种心态，我无法确定。但可以肯定的是，看到她在每个部分的表现都恰到好处、越臻完美，背后隐藏的努力可是一点儿都不简单，而她，也从来不会张扬自己的付出。

　　不管是戏谑、扮丑或展现性感，包括身材与皮肤的维持，她鲜少会突显自己的努力与用力，在媒体面前反而都轻巧地带过，也让自己看来没那么锐利。我看到一种不强出头的聪明，我非常欣赏这种方式与态度。至于小S的美，我想也不需要我着墨太多了。她的外貌是漂亮的，却不是有姿态的漂亮，清秀中带有余韵，正如她的内在给我的感觉，波光粼粼，美如大海。

chapter 9

Green trees

陶晶莹　绿色的大树

美丽不是智慧的敌人，
在陶子陶晶莹身上，充分印证了这一点。
刚出道时，陶子就像一株小草，
历经风吹雨淋，却能把挫折与挑战当成养分。
现在的陶子，已经是一棵大树了，是职场上的杰出工作者，
同时也是一名母亲与妻子，一位作家与创业家。
最美的是，她还有一颗不吝于帮助后进者的心，
并且把爱分享。

Roger 是时尚界的 Steve Jobs！

常常有人说，陶子陶晶莹的美丽来自智慧，我完全不否认。但我并不喜欢这句话背后隐含的二分法，把美丽当成智慧的敌人，一刀切开二者；事实上，在陶子的身上，我就看到了智慧与美丽并存。

陶子的美丽不仅来自于她的聪明慧诘，而是她不用二分法来看待事物，懂得用智慧作选择，所以能兼具各种可能：美丽、智慧、出色的主持人与歌手、妻子、母亲、作家、创业家身份。而在这背后，她的付出与努力，却非常的惊人。

最早我对陶子的印象，是十多年前她主持电视节目《娱乐新闻》。当时她的造型千奇百怪，反应快口才又好，我看到了一个聪明、大胆又挑衅的女孩。那时我心想，哇，这个人太有趣了，小燕姐有接班人了！之后持续地，陶子的主持才华不断地绽放出光芒，专辑也叫好叫座。但关于外在的呈现，我一直认为她可以更不一样，因为钻石原本就在她身上，陶子只需适度地擦亮它。

我还记得陶子第一次主持金曲奖时，她很紧张，也对自己的外表没那么自信。我终于忍不住半开玩笑地对她说："陶子，我们干脆来吓人好了，你的腿这么漂亮，应该展现出来给人看！你敢不敢？"后来我帮她做了一件苹果绿的礼服，高衩到腰际，并且为了让她穿起来有安全感，我把内裤与内里缝在一起，她穿起来就不会胆战心惊了。这件衣服从正面看，一点儿也看不出玄机，但我建议她站在定点时，可以轻轻地把腿往外拨，整条腿的线条与美态就能出来，其他时候则不要刻意去展现。因为优雅的性感一定是见好就收，才不会过度庸俗与浮滥，会让大家把那一刻的画面永远记在脑海里。

那次陶子打了很漂亮的一仗，成功地展现出原本就拥有的美。我看着她一路走来，早期曾历经事业上的起伏，当年那一株迎风摇曳的小草，即使风吹得这么狂烈，但她从未被击倒。十多年后，坚强的小草变成大树了，她更被誉为是台湾难得的三金一体主持人，具有主持性质不同的三大金奖能力——金曲奖、金马奖与金钟奖颁奖典礼，还自行创业成立姊妹淘网站，并身兼经纪人。有些人对陶子的新事业感到诧异，但我对于她当经纪人这点却毫不惊讶，因为这棵大树从来都不吝惜主动帮助他人，包括我自己都曾是受惠者。

我还记得某一届的《超级星光大道》，在评审的过程中，有一位我认为表现不错，也看好他前途的选手被淘汰了。这个结果让我一时的小孩子脾气跑出来，在节目结束后我一下台，就跟陶子说："我感觉不是很舒服，不太想做了，我……有点儿累。"后来在回家的路上，我就收到陶子发来的短信。

短信的内容是什么，老实说，我现在真的不记得了，但我却很清楚地记得，当时看到短信的心情。其实在回家的路上，我就已经对陶子涌起抱歉的情绪，但陶子的短信，却以一种温暖的、也适合我的方式来安慰与开导我。我也不记得当时回她的确切内容了，唯一记得的一句话就是："谢谢你还开导我。"那条短信所带给我的感动，蕴含的体贴与智慧，至今仍在我心中。

　　事实上，我开始担任《超级星光大道》的评审，完全是无心插柳。由于这是陶子产后复出的第一个节目，那时她打电话找我上节目当评审，虽然我不是艺人也不是歌手，但对她我一定情义相挺，所以也就答应了。不过在录第一集时，我很紧张也有些手足无措，心想我不是歌唱领域的专业，好像也没帮到陶子，那我到底能做什么呢？所以在录完第二集时，我就跟节目制作团队说，我还是不要继续当评审好了，因为我真的找不到自己在节目中的定位。

后来陶子又打电话给我，安慰我说，镜头没有你想象中的可怕，希望我继续担任评审。于是我说出心中的考虑，但是，陶子一语惊醒梦中人。

在电话中她跟我说，有多少艺人需要像你这样的一个朋友，去提醒他们、鼓励他们！你看过太多的人与事，也看过太多演艺圈里的起起落落，平时你都会提醒身边的朋友，也会建议与鼓励。在节目上，你就是要做你自己平时会做的事，这些提醒对正要扬帆出发的小朋友来说，是多么重要呀。

由于我一直都专注在挖掘与打造女性的美，所以我非常习惯于支撑幕前的表演者，但那一次，换成了陶子给我自信与方向。就这样，突然间陶子让我很有安全感，原来她眼中看到的我，是有存在的必要，既然我能对这些小朋友有帮助，最后我决定，那就尽力去做好吧。所以，如果我对这些选手有任何的帮助，不管是外形上的改变，或者意会到我的建议与用意，我想我同时也是受益者，因为当初若没有陶子把我留下来，我也没机会去帮助别人。

所以对我来说，陶子是一棵茂盛、翠绿、不断往天空伸展的大树，而她顶上的那片天，无比辽阔。大树的美，是气象万千、有大地之光的，现在她更为自己结出甜美的果实，开出美丽的花，而那沁人心的香气，始终萦绕在我心头。

chapter 10

Golden Scorpio

蓝心湄 金色天蝎

有一种女生，爱恨很分明，
她会去捍卫生命中所爱的人和事物，
而且捍卫得那么的义不容辞，那么的理所当然，那么的勇敢。
蓝心湄的美，正是融合了这种力与丽，
美得有轮廓而果敢，美得有 guts（有种）与柔情。
她是发出金色灿光的蓝心湄。

Roger 一直是个很内敛、很温暖的人。
不管他累积到什么样的高度，还是会很热心地提携新人；
不管他的资历有多深，他的创意依然前卫。
不管是跟他合作，还是跟他做朋友，都是一件过瘾美好的事。

很少有女生像蓝心湄一样，肩膀这么硬，心却这么柔软。也很少有女生像心湄一样，在服装穿着上如此多彩多姿，还不断地演变与进化。我和心湄已经认识27年了，超过半辈子。我们一起经历过许多事情，也一起成长，而一开始的认识却很偶然。

我们因戏而结识，当时心湄客串虞戡平导演的电影《台北神话》一角，我则负责电影的服装造型，就这么偶然地认识了。原本只是因工作有短暂的交集，但在工作过程中，我们发现了彼此的想法与工作方式还蛮有共同语言的，所以后来心湄要出新专辑就找我帮忙整体造型，之后也有多张专辑的合作。

在时尚方面，毋庸置疑的，心湄有着极杰出的表现，铺陈出她独特的美与韵味。从专辑《浓妆摇滚》一直到《肉饼饭团》，她前卫而引领话题的造型，被媒体誉为"百变天后"，她能走在时尚的最前面，也做了许多人不敢做的事，我想，这主要和她本身的性格很开阔有关，所以敢尝试，也敢颠覆。再加上心湄对专业工作者有很专业的互动——她相当尊重专业，也能给予很大的空间，所以在合作上我们一直火花不断。

以经典的专辑《肉饼饭团》为例，那时我们想做的，并不是只要造型"美"就好，更想从"概念"出发，以造型来诠释某些理念或想法。所以当我提出真人版充气娃娃造型概念时，即使在当年真的太前卫，但心湄却有很大的包容力，不会下意识地排斥"这是什么"而立刻推翻，心湄也觉得有意思，这个想法就在彼此激荡下更为完整了。

　　当时我帮心湄画上像是假人的彩妆，心湄又以天赋般的肢体语言完美地表现出"充气娃娃"的模样，这对我们都是一次很棒的尝试。而她脸上的假人彩妆，则在隔了将近十年后，市场上才出现类似的陶瓷妆。

　　通过工作上的接触，我深刻地感受到心湄在时尚方面的天赋。我还记得有一次也是因为要做唱片造型，所以我们就去日本买衣服，但由于在日本买衣服完全是在打仗，不停地走不停地试，行程很紧凑，所以心湄也没有刻意打扮，穿得宽松而休闲。当时我们逛到某精品店的东京总店，因为大家都没打扮，所以进去时店员也没特别注意。后来心湄拿了十多件衣服进去试穿，结果她一出来店员就发出"哗"的一声惊叹，视线离不开她。因为心湄整个人的气势与氛围，跟进店时完全不同了，那就是她驾驭服装的能力。

　　其实还是一句老话，服装是死的，人是活的，肢体是有语言的，衣服是要被人赋予生命的。心湄对服装的驾驭力来自于她能将肢体语言和服装二者结合，这和她运动细胞好、肢体协调性佳、反应快都有关。所以，我们也可以发现很多名模都有舞蹈的底子，包括心湄的舞艺也是公认的，这些都会有助于她们诠释服装，把衣服穿出戏味。当然，大量的穿衣经验更是少不了，像我们去日本买衣服，一个礼拜的时间，每天至少 8 小时不停地找衣服，试穿上百套服装，最后再从里面挑出 10 套左右，这些都是对提升服装品位与能力的最好训练。

优异的表演能力、穿衣经验、天生的好底子，建立起心湄对时尚的了解与自信，她自己更是付出非常大的努力与学习。而心湄到了现在这个不需要为表现而表现的阶段，我觉得她的穿衣与时尚之道，已经晋升到一种最佳的状态。她就是在享受时尚，尽情地满足自己的内在需求而不是外在的眼光，她能毫不迟疑地做自己，我认为是处于女性最发光的状态。

其实，一开始心湄出道是为了分担家计，但是到后来，她在经济上已经无虞了，却还继续在事业上交出一张张漂亮的成绩单：从歌坛到主持界，再到商场，早已拥有庞大的事业。我看着她，觉得她很辛苦又这么的精彩。但能同时这样的辛苦与精彩，我想都是源自于她有颗柔情的心，以及很有担当的硬肩膀。从某种程度来说，我想她的真性情与亮眼的时尚表现，精彩度难分轩轾，一样让人无法忘怀。

一个曾经发生过的生活故事，或许能说明心湄的性格——丰沛的真情感，造就了鲜明的美丽。多年前，有一次我正值心情上的低潮，因为我刚刚和女朋友分手了。有天心湄来我家聊天，不知聊到什么，我说起自己的事，讲着讲着我一转头，突然发现心湄已经泪如雨下。她的泪水不是一条小溪流，而是滂沱大雨般的豆大泪珠，一颗一颗地不断在脸庞滚落。心湄边掉泪边说："为什么事情发生时，你都不跟我讲？"那时那刻，我们之间其实已经不需要太多言语了，因为你知道她是真正爱你的朋友，她真的关心你。

　　身边有这样的朋友，是绝对的幸福，心湄就是这样一个真性情的女人。她对工作与家庭，展现了天蝎座的坚强韧度，永远不会被击倒，在情感上，则永远去捍卫自己所爱的人和事物，像是一只金色蝎子，无毒而爱憎分明，所以金得耀眼而有温度。我想，演艺圈中再也不会有第二个蓝心湄了，因为她这么认真地走自己的人生，美得鲜明又风格独具，是我的好友，蓝心湄。

美丽穿衣篇 Part II

美丽人生 衣之道

在架构出美丽的态度与精神后，拥有外在的美同样有方法。善用服装，掌握三大穿衣加分法，你也可以为自己创造出最优质、专属于你的个人风格！

舒淇曾担任金马电影大使，在拍摄的宣传 CF 中，我为她量身设计打造的礼服。

　　服装之于人有多重要呢？我一直都认为，有风格的女人最迷人，而通过服装，你可以为自己建立风格、增加魅力；服装更是一种语言，总是在不经意中，勾勒出主人的内在轮廓。所以，既然我们每天都需要穿衣服，何不就好好地驾驭它，让服装成为你最佳的个人营销工具，为自己做出漂亮的发声？相信我，因为，你值得更好。

　　当然我们都承认，人的内在修养绝对比外在条件重要，但为什么不做一个内外兼得的聪明人？尤其是多数人，习惯先从第一眼印象去判断他人，服装即是可以在初次见面的三秒内，就帮自己赢得好感与加分的关键。同理，也能扣分和给予他人负面的印象感受。聪明的你当然可以善加运用服装这门魔法，为自己取得第一眼印象优势，建立起与人一开始互动的康庄大道。

　　但到底要怎么穿，才可以为自己加分？穿衣是发生在每一天的"生活事件"，经常很"目的"导向，就像时尚杂志或专业书常报道的主题：穿出九头身比例、－3kg的穿衣术、增加面试好感的服装、恋爱加温穿衣术等，这些都是在谈穿衣的技巧。

　　有了技巧，你还要面对市面上如此之多的服装，再加上配件，那变化组合几乎可以说是无穷无尽了。所以若是你只有穿衣技巧，却没有在一开始时就建立"穿衣"态度，以及你的个人的"衣"本经、穿衣哲学，就会很容易陷入"没有风格"或盲目追求流行的窘境，导致多走许多冤枉路。所以，在这我想先谈谈更重要的穿衣概念，因为它将决定你穿衣的结果——能否为自己加分！那就是"买对"、"穿对"、最后是"穿品位"。

　　身为一名专业造型师，亦是一个对服装抱有极大热情的工作者，希望与大家分享我的穿衣概念后，也帮助你理出自己的一套穿衣风格。别忘了，有自己态度与风格的女人，永远最迷人，这更是让你被看见、脱颖而出的关键！

chapter11

服装穿搭加分关键：买对！

掌握衣之道，首先要学会三大加分关键之一：
要买对，才能穿对！

· 储蓄式购物法则
· 如何做"对"服装功课
· 试穿的关键思考
· 如何判断流行是否适合自己

　　不管你是经常买衣服，还是每季才出手一次，我们几乎都有买错衣服的经历。不一定是太大或太小，有时则是完全没帮自己加分，又或者它们实在太难搭配了，怎么穿怎么怪，可是偏偏单看这一件又很好看！也有可能是穿出门走在路上，越走越别扭，因为心里觉得，"这根本不是我啊！"想尝试新的服装风格，却又宣告失败，于是这些衣服的命运也就很明显了，从此蹲在衣橱的最深处，变成了可惜的浪费。

　　要能买对衣服是门功力，绝非神来之笔或天生好运，这和你对自己的认识有关，包括对外在身材条件的认识，对穿衣场合需求的认识，也和金钱观与消费行为环环相扣，所有的部分都紧紧牵扯在一起。但这些门槛是可以跨越的，也真的没那么难，因为这和专业造型师的Know—How（知道怎么做）不尽相同，专业造型师要面对的是不特定的多数对象，通常有一定难度；但现在我们需要做的，是担任好"自己"的专属造型师，对象是自己，是最值得更好、更美丽的自己。买对衣服有方法，穿出风格与品位也有方法，只要你先想清楚几件事、依循对的方式，并且，坚定自己"值得更好、更美"的意念，然后用心、留意与练习。

拟订预算

买对方法一：想要买对衣服，先从金钱管理与金钱观开始！

所有的购物，背后都是你的金钱观与金钱管理在运转。我认为好的购物方式是量力而为加上规划，指的是你的金钱运用法。

如果你每个月只有 500 元或 1000 元的盈余，但却很想买下一件做工与剪裁都很精良也适合你体型的 7000 元短裙，那么，你可以把每个月的预算累积到 7000 元后再出手，哪怕等到打折时，这就是我一向主张的"储蓄式购物"。

储蓄式购物，是先存、把购物的钱准备好再消费的概念，而非时下较常见的先消费再慢慢摊还的方式，因为后者太容易造成失控，也无法帮你建立自己的财务秩序。储蓄式购物的执行方法，是每月要先为自己规划一笔固定的金额，把它存下来作为置装的预算。如果这个月没有消费，那就让它继续累积下去，也别挪作他用，而你的购物就可以在这个金额范围里自由运用。这种"储蓄式购物"的概念，也可以运用到其他种类的消费，重点在于不要让购物成为经济与心理上的负担，甚至是压迫。只要规划好与准备好，花钱就会成为优雅而从容的行为。

这正是我建议的：购物也要金钱管理。另外，金钱观也对你的购物行为一样重要。千万不要因为手头的购物基金还没存够，就存着"算了，反正买不起我想要的衣服，至少便宜的可以多买"的想法，于是300元、500元的衣服反而买得很大方，"反正便宜，不适合就当睡衣穿"。我必须要说，这样你就很容易经常买不对东西，因为买十件错的衣服，真的不如买对一件。

花费一元，就要有一元的效益，如果300元买回来的是不符合你需求的衣服，这才是真的浪费。有目的地、有规划地一件一件购买，绝对比你因为经济限制，而三件、五件的"将就式"购买还来得聪明。因为当这件衣服适合你时，你就会更常穿，而购物时的乐趣还可以延续到每一次的穿着经验，这就是符合经济效益的买对状况之一。

提醒：

先做好金钱管理，购买这个行为才可能持续地发生。我自己认为"把钱花在刀刃上"是很好的购衣心理，因为要花在刀刃上，所以你必须做个理智的消费者，而刀刃效益也会促使你越买越对。你会知道要审慎地对待购衣这件事，包括做功课——多吸收时尚信息，也包括"试穿"，尝试各种自己想象的搭配，这两点极其重要。

买对方法二：要累积穿衣功力，
先从做"对"功课开始！

HOW TO 2 做对功课

根据我自己的经验与对别人的观察，除非你是个天生好手，否则要把一件事做好，都少不了做功课、练习与模仿这些过程，买衣服和穿衣服更是如此。

做穿衣服的功课，能帮助你建立品位，也可以提升自己对流行的敏锐度与判断力。而最随手可得的方式就是，看杂志！但要看得有方法有技巧。一本杂志拿来时，先训练自己不要看大幅的美丽图片与文字，这时你就要有心理准备，杂志不会像以前一样好看。先用拆解阅读法去看杂志，看妆容、看服装单品、看配件、看细节，先别看整个画面。阅读时也先别看编辑的批注与报道，让自己像一张白纸一样去感受、观察与诠释。在看完整本后，就可以再回头看编辑的批注与报道，以及整体大画面，用来验证自己的时尚观察。

采用这种方式多翻几本杂志，几个月下来，你将发现自己对现在流行什么、衣服的轮廓与样貌细节，整体敏锐度都会提升。因为你是经过消化与观察的阅读，而不是一味照单全收，这是我建议的做功课方式。

提醒：

　　做好功课建立自己的穿衣数据库，对你的每一次购买将会有所帮助。这时，别怕自己是个穿衣模仿者或抄袭者，艺术巨擘达文西曾说过一句话："能模仿者，即能创造。"那是一种学习的途径。不论是模仿明星或身边的人，你只要看到好的搭配与造型，就可以在家里先练习，试着把所有元素或几种元素放到自己身上，也可以这边调整一些那边减少一点儿，结果有可能得到一个适合自己的答案，也可能得出不适合的结论，但最重要的是，这些都能让你更快地找到自己的"衣"之道。

HOW
TO 3

买对方法三：穿对与穿不对衣服，虽差别在毫厘之间，但效果却"失之千里"，所以一定要试穿！

我一直觉得服装这件事，用"差之毫厘、失之千里"来形容是最适合不过的了。永远要抱着"衣服看起来"和"穿起来"可能是两回事的心理，因为你有自己的身材线条与比例，所以当衣服的袖口多收0.5厘米、长版或是中长版、有缝胸线与没有缝，挂在衣架上时未必能看出穿在你身上的效果，当然还是要穿上去和你的身体产生互动，只有如此，买到适合衣服的概率才能大大提升。

提醒：

早几年，很多人是花钱买经验，但现在可以试穿的店家已经非常普遍，就算网络购物也可以退货或换货，试穿、累积实战经验，绝对是买对的第一步。

试穿关键4

HOW TO

买对方法四：试穿很重要，但更要避免试穿时最容易犯的错误！

衣服适不适合你，一定要经过试穿才知道。但在试穿时，一定要看整体，而不是只盯着单件衣服看。举个例子，一件衬衫穿在你身上，不论是腰身或袖长、袖口、版型与布料质感，全都对了，你看自己的上半身很 OK。但穿出去后才发现不对劲，最常见的原因是"比例"出了问题，这和整体感有关，也和搭配与修身效果有关。所以在试衣服时，一定要照全身镜，而且要把自己与镜子之间，拉开一点距离看整体，这是试穿的关键动作，而不是只看衣服本身或拆解来看局部。

如果可以的话，我强烈建议试衣时，不妨穿上"整套"。例如你想为自己添购一件优雅而较为正式的长裤，穿上去后，从剪裁、布料与线条等来考虑，它适合搭配什么样的上衣？搭配你现在穿的这双娃娃鞋不好看，但若搭配鱼口高跟鞋呢？也许是天作之合！但你的鞋柜里有没有这双鞋子？若没有，这时你就要考虑自己是否有预算来购买可以搭配的鞋，或者暂时先不买这条长裤，再多想一下。从试衣的方式到以上种种考虑，其实都是大家在试衣时，很容易忽略的整体搭配与理性思考。

买衣服与试穿，其中隐藏很多个人习惯，包括习不习惯先做功课再购物，以及试衣时的习惯与逻辑思考，都会影响到你是否买对。最后建议，如果你是用智能型手机或数字相机，试穿完毕后，就顺手对着镜子拍一张全身照吧，可以当作自己的试衣数据库。而且若这件衣服的价格太高昂，也可以作为日后逛街时，寻找类似衣服但价位可以承受的参考依据。

提醒：

全身镜对穿衣很重要，所以不仅在店里试穿时一定要照全身镜，家中也需要准备一面！镜子要垂直放置，以免角度造成拉长或缩短、变形，当然更要选一面不会刻意制造纤瘦效果的镜子。镜子中映照出来的你，就是别人眼中看到的你，所以照全身镜，才能看到整体的真实服装样貌！

流行判断

HOW TO 5

买对方法五：要不要买？关于流行这件事！

　　流行很容易一窝蜂，尤其是当你看到本季最流行的服装或配件，在别人身上这么好看，又有时尚感，实在太难 hold 住自己不买了，你感觉到自己的采买欲望不断地在骚动。我自己就有好几次这样的经历，面对流行的服装或配件，我的选择是买还是不买呢？

　　这里有两个我个人的真实例子，结果却大不相同。前不久，很流行复古的塑料框眼镜，我周围的人几乎都买了，而且多数人戴起来还真的很不错，马上为造型加分，于是我也心动了。但寻寻觅觅、试戴过好多副后，我发现复古眼镜在我脸上怎么戴怎么不适合，怎么会这样呢？最后，在试戴了超过 200 副的复古眼镜后，我决定放弃，因为我确定了我真的不适合。复古眼镜要有复古感，戴的人其实要一定程度的年轻，我的年纪戴起来会只见古，而没有复。在不断地尝试后，我接受了自己与这次的流行无缘，也为自己节省了一笔不必要的开销。

　　另一个例子，就是流行了好一阵子的男生窄管裤，它看起来有型又有时髦感，我很想尝试。不过因为我天生双腿偏细，穿上窄管裤就会显得更细，而这对男生来说并不是好消息，因为很容易让下半身看来没分量，上下比重不对应，怎么穿都不会好看。可我还是不想放弃，

于是开始试穿不同的剪裁、板型、腰身、材质的窄管裤，去观察我和这些服装会产生什么火花，对我来说，是很有游戏感的实验。最后，我发现布料材质偏硬挺的窄管裤，对细腿的我会有不错的修饰线条效果，在不断地寻找与试穿后，我终于成功地穿上窄管裤了！也与这次的流行顺利接轨。

提醒：

　　关于流行这件事，我要说的是，流行本身没有不好，放在你身上好看，你就会显得时髦而有型，流行的正面意义才能成立。但若不适合，像我与复古眼镜只能邂逅却无缘交往，那也无须勉强。也就是说，对流行一定不要照单全收，要经过尝试与判断，才能真的买对，流行才能为你加分。

chapter12

绝佳衣 Q 穿对关键

拥有好衣 Q，就能"穿对"服装，踏出穿衣加分的关键第二步

- "场合别"穿搭建议
- 穿对还要穿品位
- 减龄穿衣法则
- 拿捏穿衣比例，是穿对关键
- 选择材质，创造最佳身型线条
- 穿美，别败在小细节
- 显瘦穿着教战

穿衣服这件事，很不幸又很幸运的是，它有所谓的"社会性"。社会性就是你所处的社会环境、文化与价值，服装正是发生在这个整体的氛围里。举个例子，在古罗马时代，男性穿罗马长袍是正常又合宜的，但如果你的男朋友今天穿这个服装和你约会，想象一下那个画面……你应该会拒绝和他并肩走在街上吧。

服装与穿衣服，是发生在社会中的行为，所以还是会有所谓的框架与"社会共识"。要在框架内穿衣服，乍听是不幸的，好像个人受到局限与束缚，但别忘了你穿的服装，有时不只是为自己而穿，也是尊重环境与他人，这就是场合的"穿对"——符合场合的需求很重要。

另一种穿对的状况，就是符合你内在性格的穿着，或者你想要为自己呈现什么形象，通过服装的呼应，穿对了即能反映。举例来说，学院风、波西米亚风、朋克风或者专业经理人 Look，等等。当然，若你能再为自己增添点服装比例、剪裁、线条与颜色的简单概念，或是一些技巧方面的东西，就更有助于穿对的掌控啰！

场合穿衣术

穿对方法一：穿对的基本关键
在对的场合、穿对的衣服！

　　看场合穿衣服，会不会太八卦了点？一点儿也不。举个例子，如果你今天出席慈善园游会，却穿了一件高级晚宴服，服装非常美而精致，也将你的气质与身体线条烘托出无与伦比的魅力。但，适不适合呢？别人只会觉得你"怪怪的"，这也是我亲眼看到的真实案例。

　　以上的例子很极端，但当服装与环境不兼容时，"怪怪的"三个字就在众人心中诞生，那也就谈不上所谓的好看与品位了。什么样的场合，选择哪种类型的服装，这代表你对所处场合的尊重，对参与的人的尊重，是人与环境的交流。更何况现在的服装产业如此发达，各类服装从长礼服、小礼服到工作套装、休闲装扮等，其中的组合变化也相当多，有非常大的自我表述空间，足以发挥个人风格与展现品位。

提醒：

　　别小看环境这件事，在对的场合穿对的衣服，就能为自己的某一个方面加分。而这个方面，通常会是当场最关键的：在会议中穿对，你可以看来更有专业感，让你在公司里更呈现出专业经理人的信赖感；运动休闲时则能看来更自在宜人，有舒服的氛围；在派对与约会中穿对，则能散发艳丽妩媚的费洛蒙——这就是为自己加分的穿衣法。

在音乐剧《阿依达》中，我担任彩妆总监

为莫文蔚出席金曲奖做彩妆打造

HOW TO 2

风格表现

穿对方法二：不仅要穿对，还要对而加分！这就是个人风格的展现。

在对的场合穿不对的衣服，很容易演变为无法遮掩的灾难，这是穿衣的基本守则之一。但我还想要强调，同一个场合，一个人适合的衣服、可以穿的衣服不会永远只有一种，通过服装，你想为自己表现出什么语言？你想如何诠释你自己？

蔡康永有一年在担任金马奖主持人时，穿了一件西装礼服，但肩膀上多了一只装饰小鸟，在当年引起热议。西装礼服很符合这种隆重的场合，相当合宜也适度表现出主持人的身份，而肩膀上站了一只小鸟则有画龙点睛之妙，非常符合电影充满想象力的本质，再加上蔡康永原本就以幽默、机智闻名，这个服装造型兼顾了场合需求、主持人身份、个人特色，慧诘而有趣，我认为这是一次非常成功的"对的"加分穿着。

提醒:

　　你穿的服装，永远都在对外透露线索，让不认识你的人去归类、想象你。先充分理解自己是什么样的人，想呈现什么服装风格，定位清楚了，你的服装选择就会有明确的方向出来，在这个方向下，你会更像自己，或更能成为自己想要的样子。说到底，是服装穿人还是人穿衣服？这句话是穿衣服的真理，掌控好了，不仅能穿对，还能在穿对之余为自己加分，因为人像自己、贴近自己，永远是加分的关键。

减龄穿衣法则

HOW TO 3

穿对方法三：别把"穿年轻"，
作为穿衣的第一指导原则——话说美魔女的穿衣现象。

现在很流行"美魔女"这个词，意指有一定年龄，但看起来却比实际年龄年轻许多的女性。我曾上过专门讨论美魔女现象的电视节目，节目中谈心态、服装、保养方式，而我自己则对"穿"这个部分，有所认同与不认同。所谓的"穿年轻"，我认为心态上的健康比外在的装扮更重要。

美魔女现象，反映出大家心里或多或少都希望"永葆年轻"。我也赞成通过服装与保养，让自己看起来更年轻漂亮，这时对穿衣尺度的拿捏就很重要了。这跟穿得流行不流行没关系，而是穿得年轻需要不落痕迹，看起来自然才是最终王道。

在穿着上，若追年轻的斧凿痕迹很明显，就等于公然揭露自己的不年轻，所以才追得那么用力，这种"过度刻意"会造成人与服装之间的格格不入，也就是刚才所说的不自然。如果 45 岁但看起来像 35 岁，可以穿牛仔裤加合身 T 恤，再搭配大手环，这是很不错的装扮，但若穿上 17 岁的少女服或 cosplay 服装，那就是一场灾难了，我相信离美丽反而会更遥远。

我们很容易因为被赞美"你看起来好年轻喔",而越穿"口味"越重,这是另一种穿不对的状况。以我自己为例子,我喜欢穿得自在休闲,所以牛仔裤是我最常穿的单品,也会让我和"年轻"的距离比较接近,但我绝不会很夸张地穿上超级垮裤,搭配帽T,再歪戴棒球帽,上演17岁青少年的模样,那将是多么难以想象的恐怖。不应该用这种方式来追求年轻,因为看起来不自然,就不会有年轻感。

我们可以观察一下,每一个外貌比实际年龄看来少好几岁的女明星们。从林青霞到张曼玉到舒淇,或者徐若瑄与莫文蔚,一般认知上她们穿得都比实际年龄年轻,但你不会觉得不自然或刻意,就是因为整体看起来很自然,符合她们的个人特色与 style(风格),这才是我认为合宜的年轻穿衣法。

提醒:

怎么穿衣服,心态很重要,我们的心可以永远18岁,保有赤子之心,对世界充满好奇与探索的欲望,但放到外在的穿衣服上,还是有所谓的年龄拿捏。现代人保养状况很好,通常少上5～10岁,都在自然的范围内,若以少上20岁的穿着打扮,或是太刻意地追求年轻穿搭,就会适得其反了,落入"刻意"二字并不是聪明的选择。

穿对方法四：穿对的技术
——比例的拿捏永远最重要。

要穿对有门道，在对的场合中穿对的服装，是穿对的指导性原则，但我们还要辅以穿对的"技术性原则"，才能让你的穿对完美发酵，产生实际的修饰身材效果！

要如何达到这个效果呢？你可以先观察一下就能发现，会穿衣服的人都有一个共通点：他们对衣服的比例拿捏非常好。穿衣这件事，最重要的永远是：一比例，二线条，三材质，四才是颜色。

比例是所谓的多一寸不行、少一寸也不行，每个人一定都会有最好看的比例。拿捏好比例这门学问，就能发挥穿衣的修身效果，下次你不妨做个实验：同一件裙子放长一点儿或缩短一点儿，就算只差别0.5寸，都很可能会影响到整体的比例效果，或是外套的肩宽内缩一些，就有可能看来更瘦——这些都是运用比例来修饰身材的浅显例子，最重要的还是需要通过观察与实战穿衣经验去累积功力。

衣服是死的，人是活的，所以当你在穿衣服时，不妨试着把袖子抓紧一点儿，看看自己是否显得更纤细；裤脚往上提一点儿，会不会看来更修长。这些尝试都能让你更知道自己需要什么样的服装比例，作为穿衣与购衣的依据。像之前流行复古，垫肩回来了，但垫肩有很多种，厚薄大小、圆的平的各种形状，你的身形、肩宽、肩膀厚薄等体型，穿哪种最好看？没有人可以告诉你最适合什么，除非是一对一咨询，否则只能去卖场试穿，把衣服实际地穿到自己身上。在这个过程中，你对自己体型的优缺点会有更清楚的了解，再加上从不断的试穿中，就能找出最适合自己身型比例的服装。

我帮艺人做造型时也是如此。例如为女明星做红地毯上的造型，我们通常都会选择长礼服，但这些礼服多数是 show piece（走秀作品），是为了伸展台上 180 多厘米的模特儿走秀时穿的。女艺人不可能都这么高，这时我就试着把腰线调整到最对的位置，把上身缩短，让下身比例拉长，进行调整比例的动作。当衣服的比例掌控好之后，女明星们才能在红地毯上绽放出最无懈可击的巨星光芒。

提醒：

市面上有不少服装工具书，都会谈到比例，都可以拿来参考，有些规则是通过统计归类而来，虽非全对但仍有参考价值。

在阅读工具书时，不管是哪个种类的工具书，我都会建议若是尽信书，不如无书。不要一开始就把工具书视为不可挑战的绝对权威与真理，知识永远都需要经过实验来证实。如果一本穿衣工具书说你的体型不能穿窄裙，那么就要去挑战它给你的设限与框架，试试看你是否能找到属于自己的那件短裙。

因为工具书给的是一个大框架与方向，要如何善加利用书里的建议，还是要先好好地了解自己的体型，仔细观察自己的身材状况：上半身与下半身比例、肩膀的宽窄与厚薄、腰线与手臂线条、臀型与腿型等。先对自己的身材做功课，再去对服装做功课，你就会发现，原来你也能找到最能修身的那一件呢！

HOW TO 5

衣着比例

穿对方法五：剪裁、板型、线条，都是影响比例的穿衣因素！

　　剪裁、板型、线条，听起来很深奥对吗？你不用真的会做裁缝，但需要知道什么样的板型与剪裁，穿在自己身上会好看。举例来说，如果你的臀型丰满，别说穿上伞状裙子的效果一定会和窄裙不同，就是窄裙也分四片裙与六片裙等不同的剪裁方式，而不同的剪裁方式，都会带来不同的修饰效果。又例如袖子的剪接线，进来一点儿、出去一点儿，都会影响到肩宽，连带也会影响胸部的视觉大小以及手臂的视觉感。所以先不要画地自限把穿衣的门变窄了，多试穿以了解各种剪裁与线条的差别，才是增加穿衣掌控力的关键。

　　你也可以试着给自己出功课，例如想买一件上班或开会时可以穿的漂亮的西装外套，要怎么去挑选？首先，先做功课，了解西装外套有什么类型与变化：有长板、中板、宽板，有紧身与合身，有单排扣或双排扣，也有拉链式的，还有垫肩与没有垫肩的，领子又有各种变化型，有非常多的选择。接着，你可以上街去试穿了，然后要留意自己喜欢的是哪几件？为什么喜欢？穿起来好看的原因是什么？从衣服的剪裁、线条与板型，去寻找好看的原因，去印证自己的想法与观察是不是对的？如果找不出原因或不确定，你也可以请店员解说，就把自己当个服装的探索家吧！

选择材质

穿对方法六：聆听布料的语言，为自己创造最佳线条与身型！

　　材质会影响到线条与身型、服装风格，甚至能定一件服装的生死，但它的重要性却经常被严重低估。有一次，我的女性朋友找我去逛街，当时她很犹豫要不要买窄短裙，我看着她那双漂亮的修长双腿，反问她为什么不呢？原来，因为她臀部较丰满，曾好几次穿上窄短裙时被笑巨臀，所以她已经放弃窄短裙好长一段时间了。

　　后来我发现，我的朋友并不是不能穿，问题在于她根本就是选错了布料，穿错了。由于臀部丰满，所以根本不应该选择薄且有弹性的布料，因为这样完全不会有修饰的效果，反而会让臀部线条无所遁形甚至放大。后来我为她挑了一件布料较挺、有些微厚度的窄短裙，试穿后连她自己也发现因为布料材质的不同，臀型就能有很好的修饰效果，再也不认为自己与窄短裙无缘了。

材质布料之于服装，就是这么重要的东西。布料有很多语言，硬挺的、柔软的、轻飘的、塑料的、绸缎的、麻质的、棉质的……而各大品牌无不在布料的研发上铆足全力，以不断突破服装的可能性，它可以创造的空间实在太宽广了，因为只要布料硬、挺、厚、薄差一点，就足以改变服装原来的风貌。

材质选择得宜，就能对修身有明显效果，以西装式外套为例，瘦的人穿软质垂坠的材质，就会看起来更瘦，但若选择较挺的布料，身型看起来就不会那么单薄。反之，若身材丰腴的人，就不适合穿很硬挺的西装式外套，因为会有放大效果，带有一点点厚度且有垂坠感的软料子，就能有拉长身型的视觉功效，整个人看起来就不会太过宽大。

提醒：

在找到适合自己身型的各种布料与剪裁后，你就可以在这个基本范围中，去做延伸与变化。例如你发现自己的身型，适合穿轻柔的纱质服装，就可以去找跟纱质的轻柔感很类似的布料，例如雪纺、丝、针织等，扩大自己可以挑选的范围。

HOW
TO 7

魔鬼藏在细节里

穿对方法七：穿美，别败在小细节！

我看过很多人穿衣服，都会疏忽小细节，非常可惜。例如不管男生或女生，都有卷起衬衫袖子的经验，但多数是随手一卷，没注意到不同的搭配与身材比例，都会有卷得最好看的位置。而当你注意到这点之后，就要在全身镜前做服装的最后调整，找到最佳的卷袖高度，别让小细节坏了整体。

这几年很流行的卷裤管穿法也是，卷几折、每一折卷多宽，其实都会影响到腿长与比例，而且搭配的鞋子不同，裤管卷的高低位置也要相应调整，这都会造成上面说的比例与腿长看起来的差别。这就是我一直强调的：穿衣是失之毫厘差之千里的事儿。

还有一个不管是男性或女性都经常忽略的，那就是不管穿什么鞋子，一定要保持干净！鞋子跟服装不同的地方在于，它离地面最近所以很容易弄脏，因此在出门前别忘了做鞋子清洁的检查动作。若穿上一双不干净的鞋子，无论你的妆容与服装再精致、再有品位，都会被一双不干净的鞋破坏殆尽喔。

HOW TO 8

显瘦穿搭

穿对方法八：要显瘦，就不要犯这个错误！

　　穿衣能修身，也能帮你藏拙，但千万别犯了最常见的错误：欲盖弥彰的穿衣。不管是男性还是女性，过度遮掩反而会有突显的反效果，例如有些女生是所谓的粗腰，却硬想勒出腰线，反而容易显得更壮硕。或有些男性为了想遮掩大肚腩，于是喜欢穿宽松的上衣，却不知这么穿只会看起来更垮胖，肚子甚至可能更明显，整个比例因为穿不合宜的剪裁而被放大了。

　　再以遮手臂的 bye bye 肉（胳膊大臂内侧的赘肉）为例，有人会选择有袖的衣服来遮掩，但却忽略了有些袖型并不适合你，或这件衣服虽然能遮手臂，但除此之外并没有修身效果，甚至可能看起来更臃肿而且比例不佳，遮到手臂了却反误整体造型，这是因小失大。其实，我很欣赏国外女性的穿衣态度，她们的手臂和肩膀虽然丰腴，但也不欲盖弥彰，反而选穿细肩带、低胸的上衣，搭配很轻松休闲的围巾，只要搭配得宜就能把整体比例拉长，营造大方自然的风格。

提醒：

　　穿衣要看整体，有时我们会因为太在意某个身材缺点，而把它无限放大，主要是因为你把这个部位拆解来看了，就很容易导致欲盖弥彰的结果。好的穿衣修身方式，一定要把握好"过"与"不及"间的分寸，不要只针对局部修饰，一定要全面性地去检视协调性，从而达到整体修饰的效果。这是我认为更对的修身穿衣方向。

chapter13

穿风格 启动魅力的关键

衣之道的核心，穿衣绝对要有风格，这将让你魅力耀眼

想拥有穿衣风格，先定基调
· 借鉴大明星的穿衣品位
· 五个推荐百搭单品
· 穿衣选色，创造风格
· 包包的挑选方式
· 配件与饰品的搭配建议

"有品位""好看""漂亮""迷人"等词语，都是我们希望能达到的穿衣的最终极目的。但这些字眼是形容词，也意味着带有主观与个人诠释的空间，并没有所谓的绝对，但这正是穿衣最细致而值得玩味的所在。若能够达成，相信我，将可以带来很棒的成就感以及给自信心大大加分，因为这是你的用心与努力所带来的美好果实。

要有品位与迷人，除了刚提到的在对的场合穿对的衣服，另外，还有一个我自己认为相当重要的：你要穿衣服，不要让衣服穿你。也就是说，穿衣服是要驾驭它，让它成为你的一部分，而不是你被衣服驾驭。杂志上或伸展台上的服装，这么美而熠熠生辉，你可能在某次影展或颁奖典礼的报道上，看到了某个女明星穿了这件你认为美极了的衣服，但为什么服装竟比人抢眼呢？人与服装并没有融合成为一体，这个美因此就没有渲染力，也不存在了。你看到服装品牌、看到明星，却不见二者交融出的魅力。

美丽是服装与你的化学变化，二者是不可分割的。所以我们会说，不要盲从流行，意思就是要选择适合自己的单品与元素，从风格、剪裁到比例都是。回到原点，你是一个怎么样的人？今天你想为自己呈现出什么风格语汇？自信飞扬、细腻温柔、异国风情、健康阳光、多元冲突而带有张力？服装可以做到内外呼应，传递一种态度与精神，我想，这就是穿衣最美好的方式了。

HOW
TO **1**

风格基调

穿风格方法一：找风格，就要定基调！

　　大家都希望自己在穿衣服这件事上，能穿出风格与品位，而这偏偏又是穿衣当中最难的一门学问。要如何穿出风格？什么又叫好品位？在找出这两个问题的答案前，你要先为自己做几件事。

　　首先，要搞清楚自己是一个怎样的人，或你想在别人眼中被定位为哪种人？例如作风低调而内敛、爽朗而阳光，也可能是温柔而女性特质很强，又或聪明而干练，或者自在而大方。是怎么样的人，与想被认为是怎样的人，有时是同一件事，有时则是两件事。就像有些人把穿衣服当成一场演出，享受被注视与观看，这是比较外求的，也有人忠于自己，穿衣的态度服膺于内在的自我性格，这是属于内敛的。这些都没有所谓的好或不好，更重要的是，无论你选哪一种，都必须是经过你的思考，是有意识、清楚的选择。

　　哪一类的人，都会有某些特质，这就能帮助自己在服装风格上，找出"主轴"与"定调"，这是关于风格不可缺的关键。以我自己来说，我喜欢顺着自己的性格特质与喜好来穿衣服，而我一向不喜欢在人群中一眼被看到，太过突出，所以展现在服装上就会有共通点：有细节但不张扬，舒服且重材质好。也因为穿着符合自己性格的服装，会让我更自在愉快，所以我的选择如此。

风格会呈现出共通特质，但"共通"不一定是固定而不变的，它们之间没有绝对等号。日本服装设计大师山本耀司先生永远都以一件宽松的黑西装，搭配剪裁合宜的黑色长裤示人，这形成了他的风格。美国歌手 Lady Gaga 勇于不断尝试新造型，永远在改变，这则是她的风格。服装总是以某种方式揭开主人的内在特质，而人的特质永远不会只有一个，所以先为自己定出基调吧，这就是为自己建立风格的开始。

提醒：

了解自己、为自己定出主轴，你才知道后面的路要怎么走，才能更明确而有效地建立"穿衣指南"。找出你想成为的那种人，研究她的穿搭，是一个找出自己穿衣风格的好方法，这个人若是明星，你就可以上网搜寻她出道以来是怎么穿的，了解她穿衣的变化与足迹，当成学问来做，再找出模拟的准则。在这个过程中，你可能因为体型、身高等外在状态与模仿对象不同，多多少少会修正，但历经这个过程后，你一定会离"自我风格"更近了！

穿出品位

穿风格方法二：穿风格，好品位，借鉴大明星穿衣——张曼玉、舒淇。

　　对我来说，我一直不觉得时尚这件事，由任何人说了算。时尚不应该是完全的权威与独裁，所以穿衣时还有一个大重点，不要汲汲营营地对外去寻求别人认同，你应该先对内经营，也就是要了解自己的内在，接受自己是一个怎么样的人，身材有何优缺点，如此才能与自己和平共处，进而找到最适合的穿衣方式。这样你不管在什么场合、穿什么衣服，一定能让人留下深刻的印象，因为你穿着属于自己的衣服，自在而宜人。

　　有两位东方女明星，在我眼里就是绝佳示范。她们非常会穿衣服，也很有自己的风格，不管是在红地毯上、派对或是在慈善场合，甚至是私底下的模样，你都会觉得她们穿到最适合自己的一套，有一种从容、自在的迷人魅力，那就是张曼玉与舒淇。

　　在这两位大明星身上，都可以发现共同点，就是她们身上的衣服，即使是这一季最热门的单品，但你还是会觉得她们在穿衣服，不是被衣服穿。我们看到一个整体、有自我风格的人，而不是只看到一件最流行的衣服。原因是什么？因为她们都曾花时间去认识自己，理解自己——不管是有关内在或外在，她们知道自己要什么、适合什么跟不适合什么。因为和自己有深刻互动，呈现于外就是服装被她们驾驭了，这是我眼中，穿出风格与品位最棒的状态。

HOW TO 3 百搭单品

穿风格方法三：穿品位要投资，我建议的百搭单品。

1. 一件好的西装式外套

西装式外套是很实穿的单品，一件西装式外套通过搭配，能创造出多种风格。例如内搭一件低胸连身短洋装，就能有很棒的高级性感，或同一件西装式外套，内搭 T 恤，再搭配百慕达短裤，就能有时尚休闲感；或下半身穿紧身窄款裤，再搭配高跟鞋与大太阳眼镜，就能呈现出巨星感，这都是我认为值得投资这件单品的原因。

而这件外套不需要是正式的西装，至于是短版、长版、夹克式、七分袖还是其他款式板型，一定要自己去亲身试穿与搭配体验，才能找到属于自己的那一件。而穿起来的评估重点，不外乎布料材质、比例线条要好、有修身效果。相信我，投资一件料子好的西装式外套，绝对不会让你失望。

2. 围巾

围巾，包括丝巾，是我经常运用的造型单品，好质料的围巾之所以值得投资，一来是保暖性佳，二来是围起来不会很厚重，也能不落伍、可以长期穿戴。安全的围巾有百搭效果，如一条很好的素色克什米尔围巾，穿大衣时搭配就能营造出很棒的时尚休闲感。至于丝巾，除了可以在造型上画龙点睛外，绑在包包上也能成为很好的装饰。

像我自己就有超过 50 条围巾，各种颜色都有。由于围巾是尝试不同颜色的好入门，如果你习惯穿黑色或蓝色，就可以试试粉红色，甚至红色与宝蓝色的围巾。也可以穿着你平常最习惯与喜欢的颜色衣服，去挑选围巾作为搭配基础，你会发现连平时不敢穿戴的印花围巾，可能都敢尝试了。这时就可以帮助你在其他配件的挑选上，更天马行空一些，在男性身上同样也适用。

3. 牛仔裤

我相信，几乎每个人都有一条或一条以上的牛仔裤，它实穿又好搭配，活动方便也能展现自我风格，是永远不会退烧的流行单品。

所谓牛仔裤的流行性，不一定是在颜色与样式上不断去追新意，重要的是在剪裁上。你绝对不能穿不符合流行剪裁的牛仔裤，例如高腰AB 牛仔裤，一定会让你看起来很落伍。现在有很多平价品牌，出的牛仔裤我觉得都非常不错，是可以购买用来增加流行感的好选择。你可以在适合自己的板型范围内，寻找新变化，例如知道自己穿小直筒牛仔裤，会让腿型与比例看起来最漂亮，就可以在小直筒的范围内，去寻求细节上的新意，比如腰头的高低，或口袋的裁剪与拼贴，乃至于选色的不同，都可以让你在同中求新意，为自己创造更多的服装可能。

试穿牛仔裤时，也有几点可以多加注意。因为牛仔裤除了有板型上的差异外：小直筒、大直筒、中直筒、靴型或喇叭等，还有布料上的差异，布料又有厚薄磅数之别；另外，洗色位置或方式的不同，更会影响到腿的粗细、长短等，比例与修饰效果就更不一样了。想要穿对衣服一定要有耐心，要穿好看就要让自己能不厌其烦地试穿。

我个人就是牛仔裤的拥护者，也经常会买平价牛仔裤。如果你和我一样，都是不容易找到适合自己牛仔裤的人，也可以在穿到适合自己的完美款型时，买下几条不同颜色作为搭配。几年前，我就曾在日本的GAP 试穿到适合的休闲牛仔裤，一次买了好几条不同颜色来做搭配。到现在我仍然经常穿它们，也很庆幸那时有多买几条，因为找到适合腿型还能修饰线条与比例的牛仔裤，真的不是一件容易的事。

提醒：

虽然我鼓励要为自己多添购几条好搭配的牛仔裤，但一定要量力而为，尤其是要当个理性的消费者。切记不要在心情太好或心情太差的时候消费，因为你会发现，很多不对的衣服，可能都是在那种时候冲动买回家的，千万要拉住自己。

4. 皮带

不管是男性的皮带还是女性的腰带，我一直都认为它们是很重要的配件。但在台湾，尤其是男性，却不那么重视皮带。我所指的重视并不是花钱投资一条昂贵的皮带，而是台湾男性太常把一条皮带当成百用，而没有顾及皮带与服装间的搭配性。其实，可以突显男性品位的配件本来就不算多了，皮带则算是男性最常用的配件，也经常在隐隐约约间被看到，因此要突显品位，就是在这个隐约中，透露了你和别人的差异。所以，先调整自己的观念，皮带不是只有功能性，更是突显男性品位的重要配件！

　　所以我建议男性，或者女性也可以帮男朋友或先生挑几款必备的皮带：一条皮质的正式皮带，用来搭配西装裤，一条粗犷休闲感的皮带搭配牛仔裤，一条帆布质感的皮带则可以搭配卡其裤或休闲式短裤，这三种是男性在生活中最常出现的装扮，不同服装就需要搭配不同风格的皮带。至于对女性来说，腰带就有重要的修饰性功能了，而且修饰性往往大过实用性，它就是女性的配件。不同的腰带，因为宽、窄、材质差异，以及系的位置，往往会和衣服产生比例性的问题，也就是影响视觉比例最重要的部分。何况皮带是横切线，位于全身接近中央的地方，就可以想象它有多么重要了。

提醒：

　　如果穿一件 One Piece 洋装，圆形身型若是绑一条很细的腰带，就会显胖。这时可以选稍微宽一点、材质不要太柔软的皮带，也不要系得太紧，稍微收一点就好，甚至可以系在低腰的位置，就能有修饰身型的效果。

5. 包包

　　包包与珠宝，是我认为女性若想多花点钱投资，可以选择的品项。配件中，包括包包，要下手买之前，请先忘记现在最流行什么，而是要考虑自己会不会一而再、再而三的使用。例如，若是你不常去派对或夜店，那么即使一个小型晚宴包再怎么吸引你，甚至你已经深深爱上它了，我还是建议你别冲动购买，因为爱它不一定要拥有它。你会善加运用的单品才能发挥拥有的意义，特别是若你想买一个精品品牌的包包。这类并非单价低的商品，若是因为被流行煽动才想买，并非因为喜欢它的设计以及搭配性，那么最想要的东西，反而很可能最快被你闲置在衣柜里，那就可惜又浪费了。

　　若预算不是很充裕或无上限，你对时尚与流行也还在摸索中，那么经典款的包包则是我对精品品牌包包的购买入门建议。但无论你买哪一个品牌，千万别买仿冒品。虽然每个人对精品的价值认定不同，对"价值与价格"的认知也不尽相同，但买仿冒品，只会显得一个人很虚荣而肤浅，是失去品位的行为，千万别做。而且，你不会因为没有名牌精品而交不到朋友，却有可能因为用了一个仿冒品，而被人贴上肤浅的标签。

　　我自己购买精品的选择方向是经典耐用，而且越旧会越漂亮的材质，例如皮质，同时不会过时，而且在买之前我也会问自己，这是值得投资的单品吗？所以每次购买前，我都会做功课，问自己这个问题。并非我想买了之后在二手市场以好的价格卖掉它，而是如此能印证自己的眼光与选择，增加了我的购物愉悦感与购买自信。买包包，你也可以试着问自己这个问题。

提醒：

　　我特别喜欢皮质的包包，因为好皮革的皮质有特殊手感，用久了包包也会有自己的表情与纹路，它会出现旧旧的使用感和自己一起成长，是很有人味的材质。此外对我而言，皮质的包包虽然价位可能比布或塑料包包贵，却可经年使用，用摊提的概念来看，反而是不错的投资。

我在 20 年前买的 Giorgio Armani
皮质手套与包包，到现在仍在使用呢！

HOW TO 4

颜色主张

穿风格方法四：穿衣选色，创造风格！

　　虽然你可能听过，什么颜色的服装不适合东方人的说法。但我一直都主张，东方人穿衣没有绝对不能穿的颜色，就像我对彩妆的颜色主张一样，因为即使同色系的颜色，也会有深浅与色相的不同，适不适合也可能和你的肤色相关。而服装又会因为材质的不同，造成颜色在光泽上的变化性，所以若只是一味地觉得什么颜色不适合自己，只会造成你对颜色过于保守，就有可能与适合你的颜色擦肩而过了。

　　东方人穿衣没有颜色地雷，唯一需要小心的是驼色的应用，原因是它很容易和东方人的肤色"黏"在一起，特别当它是大面积时。若穿上驼色系服装，我建议一定要上妆，否则很容易显得气色不佳。这时也许可以刷上健康色系的腮红，或是明亮的唇色，都能帮助你穿出好气色。所以颜色本身的选择真的不是大问题，重点是在于整体性的搭配。

我一直认为，色彩是很自由而个人的选择，若再辅以选色技巧，就更能帮助你建立风格。一个较为容易操作的方法是，在找到适合自己的颜色、喜欢的色调后，就可以在这个色系里做变化，而且它可以千变万化，例如灰色就有深灰、浅灰、偏粉红的灰……每一个颜色再跟其他颜色搭配组合，又能产生出不同的风貌，就能营造出"有表情的灰色"。

另外，也可以善用颜色与材质间巧妙的关系，为自己去扩张颜色的地盘。以黑色为例，仔细观察，你可以发现黑色丝绒、黑色雪纺纱、黑色的麻质布料，其实都不是同一种黑，因为材质的不同，就能带出颜色的不同表情。所以若你喜欢某种颜色，还可以在这个颜色范围中，通过不同材质为自己创造层次感，展现同色的多元风情。

提醒：

若想尝试新色，但又不确定自己能不能接受，则可以先从局部、小面积试起，例如，配件就是很好的下手方法。男性可以从领带开始，女性则可以从围巾、项链或包包来尝试颜色的变换，甚至你也可以选一件外套的内里有着大胆鲜艳的色调，这都是可以尝鲜的安全方法。

我买的 izzue 大包，张曼玉所设计

穿风格方法五：包包的搭配，怎么挑选？

　　之前听一个身材娇小的女性朋友说，她很想尝试背大包，但因为个儿太矮了，所以不适合。我自己倒是觉得，身形娇小的女性也可以拿大包，只要材质不要太过硬挺，背带也不要太长，还是有可能很好看。所以这就讲到一个重点了，包包的肩带或背带，其实会影响到包包与人之间的比例效果，当然不同的背法也会有差别。

　　包包是配件，可以用来彰显一个女性的品位选择，但在搭配上还是要注意：若有一天包包变成主角，那就不太对劲了，因为彰显品位与细节展现，不应该喧宾夺主，否则会造成失衡，而且整体感也不见了。所以我会建议不要让自己乱买包包，因为包包不是单独的存在，它是与你和服装相互搭配的，还是要先确定自己的穿衣风格，在那个范围内去挑选包包，才是最佳的选购方式。

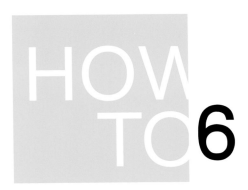

穿风格方法六：配件与饰品的搭配守则二、三法！

　　耳环、项链、手环、腰带、包包等，是女性经常会使用的配件，最重要的大方向就是，不要让身上的配件重点超过两个。因为多了就会失焦，当每个配件都抢当主角时，就不会有主角。所以配件的搭配还是要看整体感，聚焦才能产生重点。

　　另外，在各种配件的材质选择上，并没有特别需要注意的搭配限制，唯一要注意的是，若你身上有金属类的配件，请让它们的颜色一致。例如你戴银色的项链，可以搭配异材质的水晶小耳环或塑料的复古耳环，这是造型方面的问题；但若是你戴金属项链、金属耳环，都是金属类的，那就要尽量选择同一种金属色了。至于金色有 K 金色、纯金色与玫瑰金等变化，即使在同一色系里，也要小心搭配。

　　如果你还不能充分掌握 mix & match 的混搭技巧，就至少可以先统一身上出现的金属色，呈现出一致性的整体感。而品位，就能在这个细节中体现了。

美丽肌肤篇

肌力之道 保养关键！

要拥有好肤质，就要做到"有效保养"！
请掌握三大肌肤保养的关键，
我相信肌肤将会响应你的努力，
你会知道，自己值得更美！

我们都希望拥有好肤质，也都知道肌肤需要保养。但你的保养，是"有效保养"吗？在保养上，你投注多少时间与心思，又期待皮肤能响应多少你的努力呢？

在工作上，我经常会近距离地接触女明星，也都看过她们素颜的样子，特别是在为她们上妆时。有些人的肤况非常好，紧致、水润、清透，几乎看不到毛孔，这种肤况对 16 岁的少女来说，并不算很难得。但是，一旦你年过 25 岁，还因为工作性质需要熬夜拍戏，脸上又要长时间顶着上戏的厚重浓妆，我认为能拥有上述的好肤况，就真的很难得了。而有次和一位女明星的接触经验，就让我对她的肤况印象深刻极了！

那次在拍摄广告片的现场，由于当时这位女主角有新作品推出，工作排得很满，就我所知当天她已经超过 30 个小时没能好好睡觉了。但我在帮她上妆时，却发现即使如此，她的肌肤保水度还是很好，肤质也相当细致，这让我在上妆时非常顺利。在广告片的拍摄空当我们闲聊着，她很认真地问我保养方面的问题。从她的问题中，我发现她不仅对自己的肤况非常留意与用心，也发现她的保养观念很正确。我们交换着保养上的心得，她也跟我分享了自己的保养方式。

而这位女明星的好肌肤关键，到底是什么呢？答案可能会让大家失望了。因为很平凡，包括大家都会做的彻底清洁、定期去角质、保湿与防晒，她并没有做什么特殊保养！但是，却完全符合了我认为肌肤保养的三大关键。

因为媒体报道总会强调事件的特殊面，所以我们很容易有女明星一定都花大钱做特殊保养的印象，像是把燕窝当点心吃，或打了什么、补充了什么，因此才皮肤好而不显老。但这位女明星却没有任何特殊的独门秘籍，她符合我认为的肌肤保养关键之一是，对自己的肌肤状况与保养需求，有很清楚的正确认识，第二就是该做的保养她都做对了。因为有时做"错"保养，比不做还糟糕，这种状况发生的概率，其实远比大家想象中高。最后，就是"没有丑女人，只有懒女人"的道理，她不会三天捕鱼两天晒网，而是持续地、扎扎实实地每天保养，更不会偷工减料的求快，或者求速效。

以上三个关键：认识自己的肌肤状况与需求，做"对"的保养，每天持之以恒十年如一日。三个重点乍听都平凡无奇，但真的要做到位，就是一门自我要求的每日基本功了。以这位女明星为例子，她不管拍戏再怎么累，要站着、要熬夜、要投入情感、精神需要非常专注，但她仍以让我佩服的意志力，回到家后，压抑着一头栽倒在床上的冲动。我还记得她说："有时回到家，真的是累到只听见床在呼唤我！但我还是会自动走到洗手台前，回家第一件事就是开始卸妆，做该做的事！"而工作期间，她也会视肤况加强保养，如熬夜很容易造成肌肤缺水，她就会在拍戏期间加强保湿、勤敷面膜，又因为作息不正常容易导致皮肤代谢不佳，她也会特别注意角质层的状况与护理。

在我眼中，这位女明星拥有真正的美丽，因为她这么认真而坚持地去照顾好自己的肌肤。同样的，若你想拥有好肤质，也相信自己值得更美，那就要先做好"需要花时间"照料自己皮肤的心理准备，因为美丽从来都没有快捷方式好走。就像我经常说的，很多事都和你的"起心动念"有关，肌肤保养也是，你是怎么看待肌肤保养这件事？想要一分耕耘一分收获，还是想不劳而获？想法坚定了，那么就去行动：做功课、找对方法、执行，这就是肌肤保养的不二法门。

而且，肌肤保养每天所需的时间，包括这位女明星，其实不会有想象中那么多，反而是做功课与了解自己的肤况，需要花上一些时间。还是一句老生常谈，却也是至理名言：好皮肤不会从天上掉下来！而你，值得把时间花在自己身上，也值得拥有更多的美丽，从保养到彩妆，到生活与恋爱皆是。认真又聪明的女生，请多爱自己、投资自己吧，因为用心后的美丽，滋味绝对无比甘醇！

提醒：

　　皮肤的状况，有时也会反映出你的身体状况，例如内分泌若出了问题，有时就会长出大量青春痘。这时最需要做的，是先去请教专业的皮肤科医生，而不是用尽市面上的各种抗痘与控油产品，却不向专业医师求助。

　　另外，我们都知道好的生活习惯将能有助于好肤况，例如定时饮水，每天至少喝 2000 毫升的量，以及烟与酒精的远离和节制，因为尼古丁与咖啡因都会对皮肤造成伤害，还要拥有好的睡眠质量等。我认为，所有的重点不外乎是为自己建立一个好的生活方式，这时，不妨回头检视一下自己的生活状况，你为自己的身体与心灵，做了什么好的事情呢？每做对一件事，我们就能离美丽更近一点，请善待自己，照顾好自己，这就是爱自己的方式。

chapter14

基础清洁　保养之母

- 有效卸妆
- 洗脸清洁
- 去角质

　　关于肌肤保养这件事，市面上一直存在许多迷思、诱人的营销话术，以及似是而非的概念。例如，防晒系数越高就越好吗？洗脸时一定要很多的泡泡，才是选到好的洗脸产品？肌肤越干燥，保养品就要用得"越油越滋润"？

　　肌肤保养要做对，首先就要破除迷思，更不要被营销话术的绚丽包装所迷惑。接着去了解肌肤的保养需求，这和你的生活与工作类型、身处的气候环境、肌肤的种类、所处年龄等都有关系。观念正确、了解肌肤真正的需求，才能选择到适合的产品，保养的效果才能看得到，否则你心里就会经常出现"我也很认真保养呀，但为什么皮肤还是不好？"的恼人困扰。

　　只是，不论你的肌肤是哪种类型，使用最适合自己的保养品之前，绝对不能忽略前端的关键基础，那就是"正确的清洁"。广泛的清洁包括卸妆、洗脸、去角质，三者缺一不可，清洁做得对不对，有没有做到位，都将影响你的后续保养效果，是拥有更好肤况的重大关键！

有效卸妆

卸妆方法一：妆要卸干净，首先要选"对"卸妆品！

几乎可以说，我帮明星上过多少次妆，就做过多少次卸妆动作，卸妆是我工作中一定要做的事。有时明星会带着妆容到，这时我们就需要先帮明星卸妆，重新做上妆的工作；也因为拍照的造型通常不止一种，经常都需要换妆，这时也要做卸妆的动作。

一直以来，我都认为"有效卸妆"非常重要，"有效卸妆"意指卸得干净，而且还要用对方法才不会对肌肤造成负担，这对专业彩妆师来说很重要。我相信对多数女性来说更是这样。因为，不论是我演讲时或是平时，女性友人最常问我的问题之一就是："怎么样才能把妆彻底地卸干净？"

如果妆卸得不干净，最常见的两个原因就是：没选对适合你的卸妆产品，或是卸妆方法不对！其实只要二者调整好，卸妆就能变成一件简单的事。先说产品，我听过好多次女性朋友跟我抱怨，市面上的卸妆产品真的太多了，怎么知道去如何选择呢？凝胶类、乳霜类、液类、油类、擦拭的片状类……数不胜数，难怪有时会让人无从选起。

我建议的选择依据是，从你平日妆感的浓淡度以及生活习惯去判断。不同种类与质地的卸妆产品，其实都有不同的卸妆功效与诉求，于是，不同的妆感就会有相对应的选择。你习惯化浓妆或淡妆？还是不化妆但会擦防晒乳与隔离霜？你是性子急的人，想要快速卸妆吗？还是能享受卸妆时的按摩过程？以上，你都要先做了解，不然就会很容易买到不适合也不喜欢的卸妆产品，导致"妆永远都无法彻底卸干净"的讨厌状况。最简单的判断方式就是，若你习惯上完整、较浓的妆，相对于其他形态的卸妆产品，卸妆油这类以"油体"为主诉求的卸妆产品，通常特色就是能有效卸除浓妆，也较为快速。所以习惯浓妆也喜欢快速的人，卸妆油是可以考虑的选择，要注意的就是一定要选择好的"油体"，因为若用到油体不佳的卸妆油产品，就容易造成粉刺、青春痘等问题肌肤状况。

反之，若你平时妆就不浓，也享受花时间按摩的卸妆过程，那么霜状与凝胶状的卸妆产品就会更适合你了，而且，通常这类产品也相对较温和，比较不会有残留感，缺点则是卸妆力可能没有"油体"来得快速有效。另外，有些人会排斥使用化妆棉，因为不喜欢它在脸上反复摩擦，也担心棉絮残留，那么我就会建议选择卸妆油，这种可以用手来按摩的卸妆产品。以上种种状况，都是你在下手购买卸妆品前，需要纳入考虑的几个重点。

提醒：

尽管市面上有一些卸妆产品，标榜卸完妆后就不必再用洗脸产品来清洁脸部肌肤。但我还是建议，不管你用哪种卸妆产品，卸完妆后的洗脸步骤一定不能少，例如有些洁颜油并不是用非常好的油体，而当没有洗脸这个把关步骤来彻底清洁脸部肌肤时，可能就容易造成粉刺或青春痘等肌肤问题。所以，为了自己的肌肤健康，某些营销话术与标榜宣称，自己还是要在使用时多加判断，做一个有判断力的消费者。

**卸妆方法二：选对产品后，更要辅以
正确的卸妆方法，才能一次就做到有效卸妆！**

我有个女性朋友很勤于保养肌肤，她跟我说，为了确保妆卸得干净，她一定会卸两次。基本上，我对她认真保养的态度很赞同，但方法上则有些意见。当时我建议她，若选对卸妆产品，而且执行的方式也对了，相信我，卸妆真的一次就够了。而且对的一次卸妆，不仅能最经济地使用产品，也不会带给肌肤不必要的负担。此外，好好而仔细的一次卸妆，所花的时间可能跟快速而粗略的两次卸妆，并无太大的差异。

对的卸妆方式，不管你选择哪种形态的卸妆产品，大方向都不外乎"动作要彻底，手法要轻柔"，主要是运用你的手指与指腹，去完成按摩的动作。首先，取适量卸妆产品，若今天的妆较浓，就可以多取一些量，挤在手上后，接着以指腹画小圆圈的方式进行，先充分按摩双颊，并顺着肌理生长的方向，由内朝外，这时不要忽略了耳下与两鬓的部位。接着以同样方式充分按摩鼻翼与鼻梁，由上往下、由内往外，额头部位也是从中间朝外按摩。

至于眼部卸妆，则记得一定要充分按摩到每一根睫毛，以及睫毛根部的部位。由于眼妆一向较难卸除，有时很容易不自觉地就加重力道，但眼部卸妆的动作反而更需要轻柔地进行，才不会因为长期力道过大，拉扯眼周肌肤而造成或加重眼周细纹的产生。如果不怕麻烦，可以先使用针对眼、唇的卸妆产品，溶解眼妆后，再进行全脸卸妆。

最后，无论你使用什么形式的卸妆产品，都一定要以大量清水来冲洗脸部，直到丝毫没有残留感为止，如此，你的卸妆动作才算完成了。

以上是正确卸妆方式的分享，但我还是要再次提醒：卸妆时的"心态"很重要，一定不能让自己在心态上"急"。因为卸妆时你一急，就没有心情去好好感受整个过程了，而在过程中感知自己的肌肤状况是一件非常重要的事。跟自己的肌肤进行实在的对话、互动，而不是只把卸妆当成一件"不得不"去做的例行公事。二者心态上差异很大，当然结果也就会不同了，包括洗脸、肌肤保养都是如此。

这种心态，就是我想强调的"慢活式保养"：既然要做，那就悠然而享受地去进行它们吧，过程一味求快所换来的结果，也会很"快餐"。请相信我，你最不需要敷衍的就是自己，从内在心灵到外在美丽都是，卸妆这门需要花时间与耐心的美肌关键，更需要你再多给自己一点从容！

当然，有的人可能会抗议，我每天都因为工作和家庭而累坏了，时间根本不够用，哪来的多余时间去慢活保养？其实，我们可以换另一种心态，在这个不快乐生活指数越来越高的年代，每天的生活真的就像在打仗，当你全心全意地想把所有事情都做好，有时真的让你好累！但请静下心来想想，我们是否可以通过时间管理而多出 10 分钟或 20 分钟，当成是犒赏自己的一段美丽时光，更悠然而心情轻松地去做这些事呢？如果我们说时间的花费是对某件事情的投资，那么，毋庸置疑的，你最该投资的对象就是自己，因为你值得更好而更美丽。

提醒：

在卸妆时，适度地调整头的角度，会帮助你更方便执行卸妆动作。下次你不妨试着把头微微后仰，这个角度会让你在进行卸妆按摩时，不仅手势更顺畅，也比较不会忽略掉两鬓与耳下等脸部死角。

私房卸睫毛 tips：

闭上眼睛后，先轻轻地将眼皮微微上提，这时你的睫毛就是翘起来的状态，不仅不会在卸眼妆时拉扯到眼下肌肤，还能更方便地处理到睫毛根部。在将眼皮轻轻上提后，先从睫毛根部往睫毛尾端方向卸，接着用指腹以轻柔的力道在睫毛上左右滑动，每一根都要处理到，眼妆就能被温柔地卸除干净了。

HOW TO 3

**卸妆方法三：长期迷思的破除，
为洁颜油"正名"并提供产品判断的方式！**

有一段时间，坊间出现一些对洁颜油不太正面的声音评价，例如可能导致皮肤长粉刺、毛孔堵塞等状况。但是，当我把市面上的洁颜油产品都买回来试用时，我发现它其实背上了莫须有的罪名。

洁颜油这种产品本身无罪，只是有些厂商为了控制成本，选择了不好的油体，再加上制成技术的问题，最后导致油体残留在肌肤上而造成肌肤出现负面的状况。但既然有不好的油体，也就意味着有好的油体，所以，只要产品用的是质量好的油体，基本上洁颜油是好用且卸妆效果快速的产品。如何来判断油体的好坏呢？通常判断的标准并不是油体的种类：植物油或矿物油，因为这二者都各有优、缺点，并非如坊间所言，植物油就一定比矿物油好，关键还是要回到油体本身的质量。

一瓶卸妆油的油体好坏，有几个判断的方向，一是通过色泽来观察，二是由使用感来确认。好的卸妆油，类似判断食用橄榄油的方式，油的色泽与气味都会说话，优质的橄榄油会很清澈、细致，闻起来不会有油臊味，摸起来则是有清爽感，接触肌肤时不会觉得过于油腻，而且冲不干净，或是大量冲水后肌肤仍有油的残留感。如果符合以上标准，那么这种油体就可能是好的了。另外当你选购卸妆洁颜油时，若有太浓的人工香味或太过鲜艳的人工染色，就要小心仔细地判断了，因为这两种方式可能是为了掩饰不好的油体所惯用的手法。

理清油体的好坏问题后，卸妆油所添加的界面活性剂也会影响到产品好坏，判断的线索，可以看它的包覆度和乳化速度。乳化过程是指洁颜油碰到水后，从清澈油体变成类似牛奶混浊样貌的过程。能在瞬间完全乳化，且质地细致不油腻的油体是最好的，若需要等一下、不断按摩后才能乳化的产品，而且乳化不完全并有不清爽油体残留感的产品，建议你要再思考一下。所以乳化是否快速与彻底，也是一瓶好的卸妆油的判断依据之一。

最后，在用水冲洗后，脸上是否还有滑滑油油的残留感，那也可能是因为油体不好或是乳化不完全的关系，导致没办法被冲洗干净，这些都是使用过程中可以很直接感觉得到的。

提醒：

无论再优质的卸妆油，建议还是必须再用洗脸产品重复一次清洁动作，千万不要再被"方便"这种营销话术迷惑。少了清洁这个步骤，长时间很有可能导致皮肤长粉刺、长痘痘等。

洗脸清洁

**洗脸方法一：要洗干净，
就要先破除迷思，跳出"洗感觉"的陷阱！**

在日常生活中，我们多多少少都有被营销话术与使用感所迷惑的经验，保养如此，洗脸也是如此。要选对洗脸产品、将脸洗干净，我的建议是，第一步就要把"使用感"与"功效"之间的等号去掉，例如洗脸时泡泡越多，代表越能洗干净？这是错误的！洗完后皮肤滑滑的很舒服，则代表温和又滋润？这也是错误的！

这些常见的例子，说明了我们很容易在不自觉中，就落入了"使用感"的陷阱，所以当我们将使用感与功效之间画上等号时，你就容易选到不好或不适合自己的洗脸产品，却不知道自己的肌肤保养一直不见成效，问题是出在哪儿！以刚刚所举的例子来说，洗脸产品的泡泡是发泡剂与界面活性剂所造成的，当然适度的泡泡一定会有助于清洁，但并不代表泡泡过多就是好产品的标准。若想要通过泡泡来判断洗脸产品的好坏，我比较建议去观察泡泡的状态：好的洗脸产品所产生的泡泡会较为细致，有点类似拿铁的奶泡，并且稳定度也较高。稳定度要如何判断呢？当你在旅行时就可以趁机观察，因为不同地区的水会有软水与硬水的差别，若界面活性剂与发泡剂不够稳定，光是软水与硬水的不同，就会让同一个洗脸产品的发泡程度有所差别；反之，一款好的产品即使水质不同，发泡程度也应该一样。

另外，还有一个更常见、会混淆洗脸产品好坏的使用感陷阱，那就是洗完脸后"皮肤滑滑的＝滋润"的错误观点。有些洗脸产品在用完后，不管你冲了几次水，皮肤摸起来仍是滑滑腻腻的，这时候你就要小心了！这种滑腻感很可能是产品所添加的硅灵或其他界面活性剂所制造出来的肌肤触感，就像很多洗发精也会通过添加硅灵来制造发丝的滑顺感，是同样的道理。

当你在破除使用迷思后，才有可能正确地判断产品好坏，并且做好"卸妆、洗脸、去角质"这三个基础步骤，而它们在肌肤保养中是极重要的，它们就像为农田除草、除害虫，把不利于作物成长的东西清除掉之后，肌肤才能好好地吸收养分而健康发展。这时问题就来了，市面上的洗脸产品这么多，我们到底要如何选择？如何判断是否选对商品？

HOW TO **2**

洗脸方法二：如何选对洗脸产品？
清洁力 VS 温和，找出平衡点！

对于洗脸这件事，你注重的是产品的温和不刺激性，还是清洁力？或者是否含皂？每个人的偏好与肤况不同，就会造成不一样的选择结果。若你的肌肤很敏感，当然会比较在乎温和性，但就要有心理准备，清洁力有可能会打折。以我自己来说，我对"洗脸"的想法很明确：因为保养的每个步骤都有其必要性与目的，每个环节都要达成基本目标，才能达成整体的保养效果。而"洗脸"的目的就是要清洁肌肤，这也是我最重视的一项功能：把多余油脂、废弃老旧角质、空气污染物包括灰尘等洗净与带走，如此就能达到真的把脸洗干净的最基本目的。

一般来说，在"温和"与"有效清洁力"之间，我会稍微向清洁力倾斜。温和当然重要，但不能温和到不具足够的清洁力，除非你的肌肤真的是属于极度脆弱的敏感肤质。而当清洁步骤做好时，肌肤的某些需求如保湿、滋润或平衡肌肤酸碱值，则是可以靠之后的保养程序去一一按部就班达成的。

HOW TO 3

洗脸方法三：选对洗脸产品，肌肤就会告诉你！
从肌肤的状态去判断，
是否找到适合自己的洗脸产品。

　　洗脸是一件特别重要的事，绝对值得你花一些时间，去感受与观察肌肤洗后的状况，以此来判断正在用的洗脸产品是否适合自己，因为选对了洗脸产品，肌肤会告诉你！

　　如果你选对了适合自己的洗脸产品，通常黑头粉刺与青春痘的状况会改善，相对的，长期下来在视觉上毛孔也会看似缩小，这都是最基本可以观察的。若你原本就没有这些肌肤问题，另一个判断方式是，可以在使用一个新产品时，洗完脸后先暂停3～5分钟再进行下一个保养程序，这段时间内若你的肌肤没有紧绷感，不会过干，也不会起红疹或发痒，基本上就可以判断使用的是温和性的洗脸产品。一段时间后可以再观察肤况，若选到好的洗脸产品，你的肌肤在洗完后不会像披上一层雾没有光泽感，也不会滑腻腻的，而是摸起来清爽但不干燥，有明显的洁净感，视觉上有些微润泽的水亮感，但绝不是出油所造成的油光感。

洗脸方法四：洗脸有正确的方法，有效清洁请这样做！

正确的洗脸方式能帮助有效清洁，首先，先将脸部用水打湿，挤出适量洗脸产品在手掌上，再用手蘸点水，轻搓让它发泡，接着的步骤类似卸妆程序与手法：在脸上顺着肌理生长的方向，以画小圆的方式在两颊朝外按摩，按摩过程中只要用手指的指腹就好，并且每个动作都要轻柔，以避免长期拉扯肌肤造成细纹。接着用中指的指腹带到鼻翼两侧，额头部分也要打圆按摩，从中间往外侧进行。记得，手永远是保养时最好的工具，从洗脸到之后的保养都是。

洗脸时应该边洗边按摩，但时间不宜太久；重点是，每个部位都要清洁到。在按摩完后，一定要用大量清水把界面活性剂、泡泡、污垢带离你的脸部，用大量清水冲洗，作为洗脸这个步骤的完美收尾。

洗脸提醒：

洗完脸后，擦干脸也有方法。擦干脸时，不要用来回擦拭的方式以免拉扯皮肤，应该使用干毛巾轻轻地按压肌肤，让毛巾吸走脸部水分就好。

擦脸毛巾的选购 tips：

我建议大家可以选一条质量好的擦脸毛巾，因为它每天至少会接触到你的皮肤两次。质量好的毛巾不一定高价，更不一定是名牌，而是指材质上的要求。通常是纯棉，柔软度要好，吸水度强，不要太薄，不含荧光剂等。我自己在买了新毛巾后，习惯用洗衣机先清洗数次，让毛巾的棉絮被充分洗掉，擦脸时就比较不会有棉絮脱落在脸上，也会比较柔软且吸水力佳。

HOW TO 5

洗脸方法五：最适合的洗脸温度是？
别再迷信用冰水或冷水洗脸！

一件事情的细节，经常会影响到事物的结果，在保养上也是。选对了洗脸产品，以正确方式洗脸后，千万别败在洗脸水温的细节上。听过这种说法吗，用冰水洗脸可以收缩毛孔！热胀冷缩原本就是物理原理，但不见得适用于皮肤清洁与保养，正确的说，不管是过冷或过热的水都会刺激皮肤。我个人认为最好的洗脸水温，是要跟着人体的体温走，大概在 36 ～ 37℃ 为宜，而且一年四季都适用这个准则。这个温度，在夏天你可能会感觉水温温的，冬天则会略嫌冰冷，但这确实是最适合你身体的温度，也因此比较不会过度刺激你的肌肤。

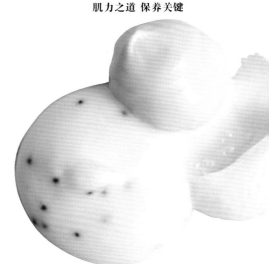

HOW TO 1

去角质

**去角质方法一：继续破除迷思，
去角质不是要够有力，就要大颗粒！**

定期去角质是肌肤保养不能少的动作，若老旧角质没有正常代谢脱落，不仅会造成肌肤的角质层过厚，保养吸收容易受阻，甚至视觉上，也可能会有微微脱皮等不美观现象。

只是去角质的商品种类也不少，有液状、面膜、凝胶、乳霜状等不同质地，有些坊间说法是，含明显大颗粒会更有效地去除角质。但是，我自己从来就不是含颗粒去角质产品的拥护者，因为我的肌肤保养原则之一就是，不要过度刺激皮肤，此外更要将它牵引到自然健康的方向发展。通常人体是 28 天一个循环，肌肤也是，所以在这 28 天的过程中，你的肌肤在健康的状况下自然会分泌油脂，产生废弃的老旧角质。若用颗粒这种比较"重"的产品，再加上每个人在去角质时，使用力道有大小之别，有时会很容易伤害到不需要处理的健康角质。

因此，我倾向以温和的方式去角质，因为温和而定期地去角质，会引导皮肤回到比较健康的机制与状态。事实上，当你每天在洗脸时，就已经能洗掉一些脱落的老废角质了，再加上每周定期做一到两次的去角质动作，就能有效做好去角质的功课。

HOW
TO 2

去角质关键二：如何选择去角质产品？
要先知己知彼，才能选对产品！

　　大部分去角质类的产品，都是利用酸来达成去角质的功效。重点就来了，酸有非常多种，是水杨酸还是果酸类？如果大家曾做过果酸换肤就可以发现，换完后皮肤一开始真的很明亮动人，但之后却会出现一个状况：皮肤的角质层变薄了！基本上，酸是去角质的好帮手，也是去角质产品中最常包含的成分，但如何恰到好处地运用它？这就和酸的种类、浓度与配方有关了！

　　不同的酸对皮肤会有不同程度的作用，这和放下去的比例也有关系。而我自己对酸的使用，比较会选择果酸中较温和且分子较细小的酸类，果酸类也包括乳制品提炼出来的酸，像我个人就最偏好乳酸。乳酸在所有的果酸中是最温和的，而且乳酸也被用来作为保湿剂，同时还可以抑制黑斑的生成。所以在去角质的同时也能兼备保湿与淡化斑点的功能——还是回到我对去角质的观念，对于去角质，我个人认为越温和越好，因为我不希望破坏原有的健康角质层，因此乳酸是我个人首选。

在认识了酸的种类后，你也一定要了解自己天生的角质层是厚还是薄，厚的角质层对酸的抗力较强，薄的话就不建议用浓度太高的酸。以我自己为例，我的皮肤角质层就较薄，对酸的抗力也较弱，所以乳酸成分的去角质产品对我而言，就最为适合。

提醒：

保养的原理，万变不离其宗，道理皆如是：知己——知道自己肌肤状况，知彼——产品属性与效用，二者再比对与搭配，就能做到知己知彼，发挥效果。你会发现，在正确地执行卸妆→洗脸→去角质的动作后，就已经在不知不觉间，为皮肤播下美丽的种子。

chapter*15.*

关键保养　买对产品

跳出保养品的使用感迷思，
并且每日执行保湿与防晒两大保养关键，
为自己打造更美丽的肌肤！

　　要选对洗脸产品，就要先破除"使用感"的错误观念，选择保养品也是。"适合自己的肌肤需求"则是保养的关键，每个人都应该要视自己的肤况、年龄与生活形态等，去做保养上的选择。但是，从肌肤的需求与保养原理来看，仍有适用所有人的保养通则，例如清洁能帮助你打好肌肤的地基，保湿是所有人都需要做的皮肤保养重点，而防晒是每个人都需要做的肌肤防护，这些全都是一年365天要做好的基本功，但其实真的没有想象的那么困难。千万别小看它们的重要性，就像植物生存必须要有阳光、空气与水，当你给对了肌肤所需的养分与保护，也就与美好肤质更加接近了。

HOW
TO 1

**基础保养方法一：破除保养产品的"质地困惑"，
你是在买保养品还是增稠剂？**

　　去问所有的皮肤科医生或对保养品有认识的人，他们都会跟你说：黏稠不代表滋润，无论是保湿、抗老或美白产品，千万要记得这个逻辑。以面膜为例子，我认为面膜的内料一定需要某种程度的黏稠度，因为无论是棉质、无纺布或其他材质的片状面膜，都必须让内料借由些微不同的黏稠度，把有效成分附着在面膜片上。但有时我观察一些面膜产品的状况，心里不禁浮出问号，真需要那么黏稠吗？若我们针对产品的功效来评断，其实不用！只是一些厂商会因为消费者误以为黏稠就代表滋润的迷思心态，而在黏稠度上加码以迎合消费者。这时可能就要想一下，你是在买保养品，还是买增稠剂呢？

　　同样的，也有人会觉得精华液一定要很黏才符合对"精华"的想象，乳霜的质地则要看似很浓又厚才够滋润，或刚提到的面膜内料要又多又浓稠才算厉害。以上，我认为全部错了。乳霜也可以做出清爽的质地，依旧能高度滋润肌肤，这永远和成分、配方与制成技术有关。事实上我自己的使用经验就发现，好的乳霜能让肌肤很快地吸收，也不会因为要增加滑顺度，就加入硅灵或其他的化学添加物来增添皮肤的滑顺感。因为过多的化学添加物，只是用来加强使用后的感受，并没有实际保养的功效，这样反而会让脸部有不必要的残留负担，而完全不会提升保养的真正效果。

HOW TO 2

基础保养方法二：化妆水含酒精，好不好?
重点在于酒精使用的剂量与在产品配方中的角色。

就像我想为卸妆油平反一样，在这我也想提出我个人对化妆水含酒精的看法。很多人对含酒精的化妆水也抱持负面态度，但真的这么不好吗？坊间有些以讹传讹的说法，认为化妆水含酒精能收缩毛孔或者具消毒清洁的效果，我个人并不认为这是在化妆水中添加酒精该有的主要功用。对我来说，化妆水若一定要添加酒精，它扮演的角色则应该是溶剂，因为有某种对皮肤保养深具功效的脂类是不溶于水的，只能溶于酒精，所以若一款化妆水想要添加一些不溶于水但却对皮肤保养非常有效的成分时，就必须添加微量的酒精作为溶剂，而且酒精同时是很好的促渗透剂，像是有些不太容易深层渗入皮肤基底层的成分，酒精就可以扮演促进渗透的桥梁角色。

所以化妆水的酒精剂量不宜过多，是很肯定的答案，但是要如何判断酒精的含量是否过多呢？最粗浅的判断方式就是：在产品的成分表上面一定会有清楚的标示，再来也可以用嗅觉来判断，闻闻化妆水有没有嗅到明显的酒精味，擦在脸上也必须不会有酒精挥发感。但是，若你有以上这些使用感，你就要再做进一步的产品理解了。又或者你在阅读产品说明书时，发现这个化妆水有添加酒精，但使用时却没有添加酒精的使用感，那么可能酒精在这个商品中，扮演的就是溶剂的角色。

　　我想建议大家最主要的是，先拿掉对含酒精化妆水的刻板印象以及疑问情结。除非你对酒精严重过敏，否则不要先入为主地排斥它，因为保养品的尝试，一定要在安全而有品牌信誉保障的范围下，做多方试用，才可能找到最适合自己皮肤的产品。这正是我的一贯美丽主张：做功课，尝试，判断辨别，找到最适合自己的一套！

HOW
TO
3

基础保养方法三：
保养选择应该跟着湿度与紫外线等环境因素走，
季节变换或者肤质别如油性、干性、混合性，
则是辅助性的保养参考。

　　我们常听到这种说法："因为我是干性肌肤，所以在保养上，我会特别注重保湿。"或者"因为我是油性肌肤，所以偏好控油类产品，而且质地要清爽。"以上说法是否正确呢？我曾看过许多自认为肤质是油性肌肤者，其实真正的状况是因为没有做好保湿的动作，而导致肌肤油水失衡，于是肌肤表面看起来很油，但其实肌肤基底层却是严重地缺水。

所以这种因为"肤质别"而衍生的保养说法，一直以来，我并不是完全的赞同。因为不管你是哪一种肤质，保湿都相当重要，而且肤质长时间在不同湿度的环境下也会自然改变。因此肌肤并不会是恒久的干性或油性，人的身体永远都在找一个自然平衡。

我个人认为的精准保养，既不是根据肤质别，也不是以季节这种较粗略的方式来区分。因为这几年全球气候大乱，四季的轮廓越来越不明显了，春天会出现盛夏的高温，也曾在 2 月底的初春仍出现寒流。所以我认为，四季的旧说法较容易误导大家错误的保养观念，例如冬天要加强保湿，但需要加强保湿的原因并不是因为冬天的寒冷与低温，主要是冬季的天气较干燥。所以我建议，应该以环境的"湿度"与"紫外线"为保养依据。

提醒：

大环境与你的生活方式，都能提供保养上的线索，如上述提到的湿度，除了身处地区的气候外，工作环境与居家的湿度也需要纳入考虑，你会经常待在空调的环境中吗？那就一定要加强保湿工作。你是骑摩托车一族吗？那么加强防晒与清洁，就要纳入你的保养内容中。你的保湿产品只有一种吗？当天气闷湿或干燥、环境在改变时，你的保湿产品选择也应该随之有所调整。

HOW
TO 4

基础保养方法四：防晒不只是"不要晒黑"，
更和你的肌肤抗老化息息相关！
而防晒产品的系数、频率、辅以物理性防晒，
则是防晒效果的关键。

　　根据调查，我国台湾女性的保养行为与观念，完整度在全球市场早已位居前几位，尤其是在防晒的防护上。所以在这我只简单地提醒，就算你偏好健康的肤色，不向往白皙肌肤，还是要做好防晒工作。因为紫外线不仅会造成黑斑，还会加速皮肤老化，被称为无形的肌肤杀手实至名归。所以我认同防晒工作越早做越好的观念，因为这直接关系肌肤的健康，是保养的最基本动作。

　　在防晒系数的选择上，则请你要抛掉系数越高、防晒就能越滴水不漏的观念，但建议最少要 SPF 15 以上。虽然现在的保养品技术已经非常发达了，高系数的防晒品也能做到一定程度的清爽，但在平时生活中，防晒系数 SPF 15 左右，其实就足以阻挡掉93%的紫外线了，若是 SPF 30，则能阻隔96.6%，差异并没有想象的大。重点是当你在阳光下时，一定要固定隔一段时间，大约三小时就补擦防晒品，因为人的肌肤会出油与流汗。并且要涂抹均匀，再更积极的做法可辅以帽子或遮阳伞等工具加强防晒。

提醒：

防晒有多重要呢，以我帮明星化妆为例子，就算是在室内摄影棚，因为有打灯的关系，我的习惯是无论用的粉底有没有防晒功效，通常我都会先帮对方擦上 SPF 15 以上的防晒隔离产品，以保护对方的肌肤。至于防晒品是否需要有颜色，我认为不需要。因为它的作用不在修饰与润色，重点是要能有效防晒、不油腻且抗汗度佳、容易涂抹均匀，也不能影响到后面的底妆，所以在这部分我会选择不添加润色或珠光效果、质地清爽、不会造成肌肤负担的防晒品。

chapter16

加强保养　用对方法

- 业精于勤荒于嬉，
- 拥有正确的保养期待与观念，
- 正是美肌的精益求精之道

挑面膜

加强保养方法一：面膜要选对与敷对，好面膜的判断方法。

现在市场上的面膜种类，从诉求到材质，越分越细，种类众多。从清洁、保湿、美白到明亮、拉提、抗老等诉求都有，这部分的选择完全要依个人的肌肤需求来判断。至于材质与形式，亚洲女性偏好片状式面膜，这与欧美女性偏好的管状式面膜之间，没有孰优孰劣的问题，主要是使用习惯所造成的地区差异。所以就亚洲女性所偏好的片状式面膜来说，如何分辨好面膜的判断方式就很重要了。

先不谈成分的差别，在片状面膜的材质与形式上，我认为真正好的面膜，应该是内料的黏稠度与面膜的材质能相互搭配，成分效果才能充分发挥。我不喜欢敷完后撕下来，脸上还残留一堆未被吸收的黏稠内料，这显示了敷脸的过程中，没有充分的借由敷脸动作将保养成分吸收进去，所以我通常会对这种面膜画一个问号。

　　好的面膜敷起来会是什么状况呢？我认为是敷了 10 ～ 15 分钟后撕下，面膜片本身还是有一点湿，并不会太干，而脸上也不会有过多的内料残留（有点类似刚擦上精华液的状况），这时我建议再稍微用手按摩一下，那么面膜的保养工作就完成了。以上是敷面膜时，内料与面膜片的理想比例状态，至于面膜片的材料本身，也很重要。含天然成分的面膜片，因为有天然纤维，就会产生自然的延展力，不仅有助于对皮肤的吸附力，透气度也较好。面膜材质对肌肤的吸附度相当重要，所以好的面膜片不在于切的刀口有多少，更重要的是面膜材质的选择使用，愈好的材质就能有愈好的服帖度，也正因为好材质有好的服帖度，在内料的选择上也就不需要添加过多的增稠剂了。

提醒：

　　不管是保湿、美白还是抗老等诉求的面膜，通常在敷完面膜后，好的面膜会对肤色均匀与明亮度有明显的帮助。所以若敷完面膜后，你发现二者有所改善，那就恭喜你很可能选对了面膜。

加强保养方法二：面膜可以天天敷吗？
你想敷安心还是敷效果？

有人天天敷面膜，但也有面膜不能天天敷的说法，主要还是在成分与功效上的差别。所以我常建议大家在使用商品前，要先看一下成分说明书，了解敷到脸上的东西是什么，而且坊间也有很多成分说明信息可以参考。敷面膜的重点在于，敷出效果！所以你可以先问自己，天天敷面膜是想敷安心还是敷有效？有的人会买很便宜的面膜，因为想要天天敷，但想想一张面膜二三十元，它的制作成本是多少钱？还要包含上架的进场费与运费，它的效果到底会如何？用的成分与原料又是什么？先通过理性的思考再下结论吧。

若天天敷的效果比不上一周一到两次的有效敷面膜，到底哪一个性价比才是高的呢？答案已经很明显了。选到一张好的面膜，其实并不需要天天敷，一周一到两次就够了，所以心态上千万别贪便宜。而品牌的选择范围，我建议至少要有一定的品牌力、在可信赖的渠道出售，这样才不会花了时间又浪费了金钱，结果却是无效保养，甚至很有可能会伤害到你的皮肤。

HOW
TO 3

加强保养方法三：美白魔法？减缓与预防是重点。

亚洲女性对于美白的重视程度，居世界前茅，而近十年亚洲又成为全球保养市场的重地，所以无论是亚洲品牌还是欧美品牌，在美白产品上，都已经做到一定的技术与程度，并且还在持续精进中。但身为使用者，若想在很短时间内，就期待美白产品能让你的肤色白一号，或者快速消除斑点，那我要残忍地说，这只能靠魔法了。

我们对保养产品的期望与效用，还是要有正确认知，如此才能善用这些产品来帮助你的肌肤保养。长期使用好的、对的美白产品，我相信是可以淡化斑点，还能帮助肤色明亮与均匀提亮你的肤质的，而且若能确实做到这几点，我想就是非常好的美白产品了。

提醒：

要做什么保养内容，是根据你对自己皮肤状况的期待以及现况，双重考虑后为自己规划保养内容。它是一个计划性的整体，很难切割来看。举例来说，若你重视美白，那就一定不能忽略防晒与保湿，因为后二者会影响到你的美白效果。如果你年过25岁，每天已经做足保湿的基本动作，也许就可以选择一周一次的美白面膜、一次抗老面膜，最重要的还是要对自己的皮肤需求有正确的判断与认识。

HOW
TO 4

**加强保养方法四：眼霜不是特效药，
但能给你的眼部肌肤所需的滋润，
眼部保养绝对有必要。**

眼部肌肤是最容易泄露年龄的肌肤部位之一，因为眼部皮肤比脸部的其他部位更薄更脆弱，也不分泌油脂，相对地也就更容易产生细纹。若再加上卸妆时、脱戴隐形眼镜时的不经意拉扯，种种状况下，眼部保养绝对有需要。

不过，你期待它能产生什么效果呢？就像是美白产品不要期待它能瞬效，眼部保养品也不会是眼部皮肤问题的魔法药，但我相信在预防细纹、减缓淡化细纹上，会有一定的帮助。

话说回来，眼部肌肤终究也是皮肤的一部分，所以皮肤会出现的状况如松弛、细纹等，皮肤需要的保养如滋润与保湿等，眼部肌肤同样都需要。所以在眼霜的滋润与紧致功效上，当你给对眼部肌肤养分时，它还是能回到比较健康的状况，细纹也可能较为淡化。但是黑眼圈的减缓，尤其是常态性的黑眼圈，我则不认为眼霜是改善的首选，但可以作为辅助之用。因为黑眼圈的形成因素有很多，和遗传有关，和体质、生理状况、生活方式都有关系。所以若想改善黑眼圈，特别是长期的黑眼圈，首先要做的，还是去看医生确认自己是否是因为鼻子过敏等原因后，确实调整自己的生活作息，再辅以适合的眼部保养品，这才是对症下药的良方。

提醒：

这是一个快餐的年代，很容易造成大家对于"速效"有理所当然的心理期待，相对的也不给自己一点时间，不给产品一点时间。我就曾听过身边的女性朋友跟我抱怨："眼霜一点用也没有，我的眼纹还是很明显呀！"她已经打算放弃这项产品了。我反问她用了多久？她说两周……

若想要极度的速效，其实该寻求的就不是保养品的帮助了，而是微整形或整形，但别忘了这些也会有相对的风险存在，更不一定能一劳永逸。所以在擦保养品时，我还是建议给自己一点时间去观察肌肤的状况，尤其像美白或眼部护理，至少用2个月的观察期，否则你就可能会和适合自己的保养品擦肩而过，并且不停地换保养品，却始终找不到你的美肌港湾。

保养番外篇

1

分享一：我的保养方式与偏好

晚上回家后，首先我一定会彻底地把脸洗干净，并且用我觉得在清洁力上有效的洗面奶，以我前面提到的洗脸方式来洗脸，再用接近身体温度的水温为 36～37℃的水，大量冲洗、清洁脸部。

接着我的保养顺序是，拍打保湿化妆水→保湿精华液→保湿乳液（早）→保湿乳霜（晚）。我自己偏好高效保湿的保养品，有时会辅以抗老产品。早上起来，由于我的肌肤油脂分泌并不是很旺盛，而且这时肌肤还是干净的，我就不会再用洗面奶来洗脸，只会用大量清水把脸洗干净。这个动作会和我的早晨冲澡一起做，这时的冲澡我也不会用沐浴乳，因为身体基本上也是干净的，冲澡的目的只是想清新一下自己的身体与心情。接着还是再做一次如晚间的保养程序，并在艳阳天气时，擦上具防晒系数的防晒产品。

　　所有的保养程序我都是用手进行的，我很喜欢手与肌肤接触的感觉，这是我的个人习惯。因为手不仅有温度，接触时让我感觉舒服，我也会借由这些动作去感觉自己的肌肤状况，包括弹性与细致度。另外在擦保养品时，我还有一个习惯让保养进行得更顺利，就是把脸仰起大约45℃，像我建议大家卸妆时的角度。脸仰起来时，擦保养品会很顺，也比较不会有死角。最后我还会用双手，轻柔地把手上剩余的保养品擦到脖子上，若颈部较松弛或有纹路的人，也可以选用颈霜。

提醒：

　　每个人都有适合自己的保养程序，我自己喜欢的是精准保养，给自己肌肤需要的养分就好，但在擦保养品时我一定不求快，而是充分地按摩，手法轻柔。这是我一向主张的"慢活保养法"。慢活不一定是指速度，对我来说那更是态度，从容而优雅地去做好保养这件事，但同时精准而有效地执行。我相信，我值得把时间与优雅投资在自己身上，我相信你也是。

TO
SHARE 2

分享二：我对微整形的想法与观点

微整形是医学与时代变迁下的产物，有些人会下意识地抗拒它，也有人态度开放地去理解它。我自己则认为，面对时代的产物不用先入为主地抗拒，但也不要一味地迷信把它当救世主，微整形就是其一。

我并不反对微整形，但我认为重点一样是在"知己知彼"。面对微整形，我的态度是把它当功课来研究，你一定要先去了解它，才知道它能否为你所用：每种微整形的效果是什么？适不适合自己的现况？你自己想改善与调整的又是什么？这让我想到，有一次某位朋友打电话跟我说，她决定去打肉毒杆菌，之前也看过医生、做过咨询了。接着我问她想要什么效果？"看起来年轻啰。"医生想帮她做的打法，是打在表皮层还是肌肉？因为不同的打法会有不同的效果，"医生没跟我说耶"。以上这些问题她都无法具体回答，于是我还是请她在做微整形前，先自己上网找资料做功课，之后再去做一次咨询，通过与医生的问与答，让医生知道她是认真而有准备地去做这件事，也比较不会跟自己的想象产生严重的落差。

　　另一个做微整形很容易犯的错误就是"见树不见林"，意思是，我不建议把脸部的五官拆开来看，因为美感是整体的，在没有考虑整体脸型效果以及五官间的搭配度的情况下，有些做了反而不会加分。例如，你想要填山根，但若你的鼻头比较圆，做了之后鼻子有没有可能看起来很大？于是之后你可能又开始做鼻尖，但鼻子处理完，你的下巴有没有可能因此看起来变短了？那么，要做下巴吗？从此可能就走向了不归路。

　　不管是整形或微整形，我认为目的都不是要让你更像别人，而是要在像自己的范围内，看起来更漂亮或年轻一点，我认为这是合理的，也是比较正确的心态。因为当一个人看起来像复制人，或者失去自己原本的风格与原貌时，这样的人一定不会漂亮。有个人的特色，永远是最具吸引力的，不是吗？

美丽底妆篇 **Part IV**

美妆金匙 关键底妆！

完美的妆容，70% 来自无瑕底妆，
是整体美妆的关键钥匙。
从妆前准备、打底、遮瑕，到对于产品的正确认识，
这些都会影响你的底妆效果。
只要掌握正确观念，并且勤加练习，
成为不修片的无瑕美人，并非难事。

你对"化妆"这件事，有什么看法呢？我相信，每个人都是独一无二的个体，也有自己的五官与样子，这种"独特性"在我眼中非常美好，所以通过化妆——这个有魔法效果的美丽行动，它应该要帮助你自然地调整五官比例与修饰容颜，以突显自己独有的美，这是我认为对化妆的正确态度；而不是希望通过化妆把自己变成另一个人，像是期待化完妆后就能像张曼玉或舒淇。女人，应该当自己的美丽女王（Beauty Queen），而不是集体而大众的制服式美女。

善用化妆这门技术，个人的美丽绝对能加分。而且幸运的是，现在的化妆品产业早已非常成熟，我们几乎可以找得到所有想要的商品，不用像古埃及艳后般，为了要增添双唇的魅力，还要大费周章地用碾碎的洋红色甲壳虫，调和蚂蚁卵来制成唇膏，这对现代人来说，真的很难想象。成熟的化妆产品让我们在化妆时，有如神助，可以收到事半功倍的效果，再加上我们几乎天天都在做"化妆"的动作。但是，为什么有时还是化不出完美的妆容呢？好像少点什么，又或者多点什么？这也是我在演讲时，最常被问到的问题之一。

身为一名专业的彩妆师，我的实战经验告诉我：完美的妆容，70% 永远来自无瑕的底妆！底妆的重要性，差不多就跟种植玫瑰却没有土壤，要画画却找不到适合的画布一样。所以，要进入完美的美妆世界，首先要有正确的美妆认识，再加上不断的底妆技巧练习，才能打造出自己的关键 70 分基础，拿到这把美妆关键密匙！

你愿意花多少时间来"练习"化妆，是妆容成果的关键。就我所知，我认识能化出漂亮妆容的女性与化妆技巧成熟的网友们，都没有一个是天生的化妆好手。她们的共通点都是愿意花时间去练习化妆，把它当成一门学问。而要化出完美底妆，又特别需要练习。在练习时，你会更了解各种底妆产品的性质、妆效、功能，同时也能了解自己的肌肤，需要什么样的修饰与补足，在这个过程中你的化妆技巧将越来越纯熟，就像厨师在成为大厨前，也需要当学徒磨炼厨艺。

技巧有了，肤况则是成就底妆的另一个关键盘石，就如同我之前所说，那些在电影或电视节目中，底妆看来完美得像没瑕疵的女星，多数都是在肌肤保养上，下足了功夫；也就是说，你的肤况越好就越容易打出漂亮的底妆。这时，就不用担心肤色不均或有斑点瑕疵了，因为这正是"底妆"要扮演的角色，绝对可以为以上状况做完美的补足。但是，若你的肌肤过干、脱皮缺水，则很难呈现出完美的底妆效果。

美丽永远都需要自己下功夫，但最棒的是，它也是一分耕耘一分收获，这就是拥有美丽的唯一快捷方式！

提醒：

我们可以发现，关于美丽，每一个步骤都是息息相关的。为什么在谈化妆前，我会先分享肌肤保养的概念与方法，就是因为肤况会影响到彩妆效果。而底妆上得对不对，也会对眼妆、腮红的上妆效果有所影响。所以，先把马步扎好吧，之后就更容易水到渠成喔。

chapter17

妆前准备、完美打底、遮瑕技巧

· 底妆前准备
· 完美打底
· 遮瑕提醒
· 底妆完成
· 密粉判别
· 工具校阅番外篇

底妆前准备

底妆方法一：一定要做好妆前的准备动作，保湿绝对不能少，还要"正确"地擦隔离霜。

就像运动前要暖身，通常我会建议大家在打底前，要先做好保湿的动作，不管是擦精华液或敷保湿面膜，都能帮助粉底更服帖与持久，而这也是我帮艺人打底妆前，一定会做的前置动作。

在做完保湿工作后，无论你的粉底有没有防晒系数，我还是建议要擦上防晒系数较高的隔离霜，给肌肤多一重防护。但隔离霜不必擦得太厚，因为通常粉底多少都有防晒系数，而且你好不容易把保湿工作做好，却在妆前擦上很厚、很闷、有负担感的隔离霜，反而会毁了你前面做的保养，拖累后面的底妆效果，那就很可惜了。

底妆方法二：有颜色的饰底乳或隔离霜，真的能扮演润色饰底的角色吗？我认为，修饰肤色并非隔离霜的"核心价值"。

　　我由衷地建议，千万别把润色饰底的工作交给隔离霜，这应该是粉底的工作。因为每一个彩妆品，都有它特定的功能，这也会反映在产品的质地与成分上。修饰肤色并不是隔离霜的主要功能，道理就像服装要"穿对"，每一个化妆品也要运用对。隔离霜的责任是保护肌肤，隔离紫外线，所以当你选择有颜色的隔离霜时，打底又要再加上颜色，如此反而会让打底润色这件事变得复杂而效果不明显。

HOW TO 3

完美打底

底妆方法三：画底妆的最高指导原则是，底妆的厚与薄，不能全脸一体适用，如此才能打出自然感底妆。

　　想要底妆打得干净而完美，而且妆感不会过于厚重，这种自然感底妆的最高指导原则就是：底妆的厚或薄，不能全脸一体适用！皮肤状态越好的部位，就要打得越薄，需要遮的部位就稍微厚一点。想要在底妆的轻与薄间，拿捏得宜，前提还是你要对自己的每寸肌肤，多一些观察与留心，才能轻、重、厚、薄都恰到好处。这时，即使你的底妆妆感很自然，但该画、该遮的部位都已经顾到了，这就是为自己的肌肤，修片于无形中的最佳方式。

底妆方法四：底妆产品的质地分很多种，包括粉底液、粉饼、粉底膏、蜜粉等，到底要如何选择？我建议的选择依据是，每个产品的妆感效果不同，先确定自己想要的妆感，产品的挑选才能水到渠成，符合你的需求。

粉底分成几种形态，从液状、霜状、膏状到气密式饼状都有，它们的目的接近但形态却不同，有时真的会让大家无从挑起。但是不要怕麻烦，你可以去专柜上一种一种地试效果，若说美丽有什么真谛，那就是一定不能怕麻烦，包括选粉底也是。所以要先了解，这些产品在自己的肌肤上会产生什么效果？特色是什么？再回头检视自己喜欢的妆感是哪一种，浓妆或淡妆？是想看起来完美又无瑕，还是自然地将妆感化于无形中？在确认了自己的偏好与需求后，就会比较容易找出适合自己的底妆产品。

这里可以提供一种简单的方法，帮助你了解产品间的差别：从"质地"去想象粉底产品的"效果"！粉底质地越浓稠，妆感就会看起来越厚；但通常遮瑕力也会越好，例如，霜状粉底一定比液状来得黏稠与厚，以此类推液状粉底通常最为轻、透、薄，接着是霜状，它会多一点润泽度与遮瑕度；再来是膏状，最后是粉饼。要选哪种产品，就看你自己想要哪一种妆感，以及皮肤的需求，若你天生皮肤条件好，就不需要太厚的底妆去遮瑕，轻透、薄的粉底液就较适合；而若皮肤有斑点与小瑕疵，那么霜状粉底的良好饰底功能，就会更适合你了。

提醒：

粉底还有另一个作用，就是让后面的彩妆品颜色，可以更显色调饱和。所以我会建议，就算皮肤状态再怎么好，不需要厚重的底妆来修饰，还是别省略上粉底的动作。在擦上粉底液（或霜）后，再轻轻地刷上一层蜜粉——它们就像大楼的地基能让上面的建筑物更稳固，底妆也能让其后的彩妆更持久，而不一定只是为了修饰肤色与肤况。

底妆方法五：粉底不应该只有一款！就像运动时要穿运动鞋，参加晚宴时要穿上正式的鞋款；粉底也一样，要视状况选用不同的产品。

通常，你真的很难把一款粉底做到百用，不是因为颜色的需求，而是"质地"！白天与夜晚、不同的场合，适合的妆感其实不太一样，这时，你的粉底就不能只有一款。

白天或休闲时，液状的粉底可能较为适合，但如果你去参加派对或正式的饭局，想要让自己有点妆感，霜状粉底可能就会比粉底液更适合，这时，粉底液就可以作为眼下局部的补强使用，而非全脸。同时，双颊的底妆也可以稍微重一些，可以帮助你在刷上腮红后，显色度和发色度较饱和。所以，不同的时间、不同的场合需求，你就应该有不同的肤质呈现，就把它交给不同质地的粉底产品来表现！

底妆方法六：底妆的颜色选择，可以偏白吗？我建议，东方人最适合的粉底颜色，还是略略偏黄，会最好看而自然。

"一白遮三丑"是我们常听到的俗语，但你原本的肤色与底妆的颜色，还是需要相符才能达到最好的妆感。若上底妆后的脸色，与脖子没有太大色差，就表示你选对了。

有时我们也会听到，要选偏粉红色的粉底，这样就能让偏白肤色的你看起来更为白皙。但是，除非你天生丽质又白里透红，否则我不建议这种选择。因为东方人的肤色，通常比较适合的粉底颜色还是要略微偏黄，才最自然而好看。

粉底选色 tips：

粉底选色有诀窍，我的建议在腮帮子、耳朵后这个部位做底妆试色，就能很容易辨识出底妆颜色和脖子间有无色差。但是，上了颜色后，还不要立刻判断它适不适合你，因为一些不够好的粉底，在擦上皮肤后，会氧化导致颜色渐渐变深，长期还会造成肤色暗沉！所以选粉底千万别着急，你可以在专柜试完粉底产品后，先去试用其他彩妆品或逛逛其他柜位，之后再观察粉底有无颜色变化。

遮瑕提醒

底妆方法七：完美遮瑕有技巧，遮瑕膏颜色、瑕疵状况、产品质地三者间，一定要整体地考虑与搭配，才能做到完美遮瑕。

　　脸部有斑、小瑕疵，这时就需要遮瑕膏来帮忙了。遮瑕膏的选择，和颜色与质地有关。首先，千万别选太白的颜色，通常比你的粉底白一点点就好，因为需要遮的部位可能颜色较深，只要能把瑕疵盖过去，比粉底浅一号就差不多了。

　　在质地上，遮瑕膏也分很多不同的质地与形式，有笔状、膏状、口红状等各式各样产品。它的效果与粉底的道理一样，通常越偏液状，遮瑕力就会越弱，质地越硬遮瑕力就越强，就看瑕疵的状况来选产品，例如黑斑就需要遮瑕力较强的产品。

眼部遮瑕提醒：

　　遮瑕的逻辑不离以上的范围，但是眼部的遮瑕，就有特别的技巧。有时为了遮盖黑眼圈或眼下的暗沉，很容易会下重手以求效果，但问题是，眼部的遮瑕越厚，就越容易产生细纹。处理眼部遮瑕要有耐心，可以用遮瑕笔蘸一点遮瑕品，以液态或霜状最佳，轻压在眼下，并且一点点地慢慢加上去，一旦达到遮瑕效果就可以停止。

底妆完成 8

底妆方法八：蜜粉的使用，在底妆中扮演了承前启后的角色，是定妆的关键，别让它缺席了。

在上了底妆、做完遮瑕动作后，接着一定要扑上一层蜜粉（loose powder），作为定妆之用，这也就是为什么蜜粉有定妆粉的俗称了。

蜜粉可以固定你的粉底，因为若没有刷一层蜜粉在含油体的底妆上，帮助粉底固定，接下来的彩妆品多半是粉体——包括腮红或眼影，就很容易一块块的，不容易涂抹均匀。所以若你上妆时发生这个状况，很可能就是因为少了上蜜粉来固定粉底的这个动作。

提醒：

一般来说，打底妆的顺序是：保湿→防晒隔离霜→粉底液（霜）→遮瑕→蜜粉→修容与腮红→眼唇妆，但若你使用的腮红是含油质的膏状，蜜粉与腮红的顺序就要对调，在上完粉底后，接着上腮红，然后才是蜜粉。

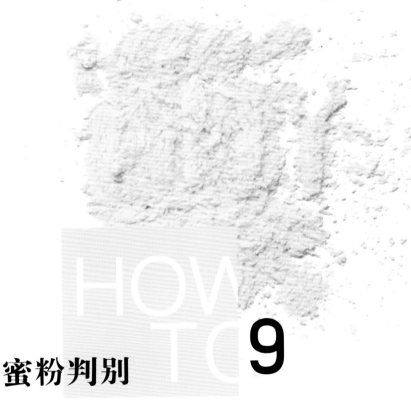

蜜粉判别

底妆方法九： 选择蜜粉有诀窍，若是选择含珠光的蜜粉，就很容易把脸变成月饼。

　　我一向选择全透明、不含珠光的蜜粉。确实，脸的局部需要打亮以增加立体感，但蜜粉是上在全脸、用来固定粉底的，作用也不是局部加强，所以若选择珠光蜜粉，会很容易把整张脸变成月饼，或泛油的月亮。好的蜜粉一定要非常细、非常轻透，才能做好固定粉底的工作，而且修色已经在前面的打底时完成了，所以透明无色、不含珠光而粉末细致轻柔的蜜粉，就是我的推荐首选。

上蜜粉 tips：

上蜜粉时，我建议一定要用蜜粉刷，刷在脸上前，记得先把多余的粉揉开掸掉，这个动作非常重要，下次你可以留意一下，就能发现专业彩妆师在上妆时，都会有这个动作。为什么把多余的粉揉开掸掉很重要呢？因为轻薄的一层蜜粉，即可以达到定妆效果，而且由于人的脸部皮肤都有肉眼看不见的汗毛，当你把蜜粉刷上去后，不一定都会紧紧服帖于你的皮肤，有些会附着在汗毛上，所以刷上蜜粉后，还要再用刷子均匀地轻掸脸部一次，把汗毛上附着的多余蜜粉刷走，这个动作能帮助肌肤轻亮透明，减少粉雾感。

以上，就是完美的打底妆步骤和先后顺序，没有过于艰涩的窍门，但能做到多好，就和你的练习有绝大关系！我并不敢说，打底妆是一件简单的事，但它却是最需要练习的手工"艺"。你所投入的练习时间我相信一定很值得，因为去问所有的专业彩妆师，什么是美丽妆容的关键？我相信答案一定是：底妆、底妆、底妆！就像买房子的重点一定是：Location（地点）、Location、Location。打好你的底妆，就能为你的妆容奠定70分基础；而当你的底妆做好时，后面的妆容也就更好办了，确实会有助于你后面的腮红、眼妆更漂亮出色，让你爱上自己的容颜！

HOW TO

10

工具校阅番外篇

底妆方法十：打底妆时，可以直接用手吗？有没有建议工具？
工具很重要，海绵、遮瑕刷、蜜粉大刷，是打底的关键三宝。

　　"工欲善其事，必先利其器。"好的工具能带给你很大的帮助，让你更均匀而精准地上妆。打底妆的工具，我会推荐海绵，而不少人喜欢用的粉底刷，则不是我的推荐首选，因为粉底刷能搭配的粉底质地会较为局限，一定要某种质地才可以用，而且对一般非专业人士来说，若你想使用粉底刷来均匀打底，要用到娴熟是需要经过不断地练习，与海绵相较是具有难度的。

运用工具的打底 tips：

底妆海绵：先挤出适量粉底液或霜在手背上，然后用海绵蘸取，接着把海绵在手背上按压，帮助粉底液或霜在海绵上均匀附着，之后在脸上轻点，顺着肌理生长方向、由内往外地抹开来。打粉底的要诀在于，在局部慢慢往上加，类似堆栈的感觉与方式，如觉得足够了就不用再加。

遮瑕刷：接下来的局部遮瑕，也需要一支合适的遮瑕刷。好一点的遮瑕刷，刷头会尖一点，若预算有限不想再额外购买，尖型唇刷也是不错的替代选择。该遮的斑点与瑕疵，方式也是慢慢地把遮瑕膏或厚的粉底霜，运用笔刷的尖端，一点一点地加在想要遮的部位，达到遮盖效果，绝不要一次就下手太重，慢慢地堆栈加强才是正确的方式。

美丽彩妆篇

Part V

为美加分　展现个性

底妆，可以说是一门纯粹技术性的学问，而彩妆呢？
这里泛指底妆之外的眼妆、眉妆、唇妆、腮红修容等，
除了技术外，还牵涉到个人偏好、风格与美学的领域，
尤其在颜色的选择上，自由的空间更大。

　　我一向认为，颜色是表现一个人风格的最具体表征，服装就是最好的例子，而彩妆的选色也是。所以我不会特别建议你要选什么彩妆颜色，例如常听到的：要表现优雅就不要画烟熏妆，想要内敛优雅就可以用墨绿色或咖啡色眼妆，加上近肤色的口红，如此就能展现名媛般的气质……这种"规格化"的建议，老实说，跟我对化妆的态度不一样。因为我相信所有颜色上的建议，绝不会对每个人都适用，反而很容易造成限制的框架，阻碍你去尝试其他的可能，同时也会减少你在彩妆中获得的乐趣。而且，颜色本身就是个人风格的展现，我更不认为"风格"应该被教条所规范，这个决定权应该在你自己身上。

　　但彩妆的观念、技法、产品判断标准、基本的搭配逻辑，还是有所谓的 Know-How，这些都会对你的化妆效果起关键性的作用。尤其现在市场上早已有很多教授化妆技法的工具书，很多人学化妆也都会从这类书籍或杂志来入门，我认为这是一个不错的学习方法。不管你参考的是什么，练习与模拟都是入门之道，包括我自己一开始在接触化妆时，也都会历经这个过程。最重要的是，在这个过程中你应该保持开放的态度，例如，不管是韩式、日式或欧美的彩妆技法，一开始都不要预存排斥心态，而是带着好奇心去尝试，如此才最可能试出属于自己的一套。因为学习过程的重点正在于，我们如何在这个模拟的过程中，选对适合自己的方向！

因为每个人都是独一无二的个体，选择"最适合自己"的化妆方式才能为你的美丽加分，正像我常说的"衣服是死的，人是活的"，化妆也是：技巧是死板的，但运用上应该是灵活且有个人判断力的。以眼妆来说，如果你想照彩妆工具书上教的，画一个漂亮的大眼眼妆，但示范的模特儿很有可能和你眼型不同，而且除了眼型，不同的睫毛软硬度、不同的眼皮深浅与单双，都有不同的眼妆技法，所以若照工具书所说的全套接收，移植到自己脸上，未必会适合你，也很容易在技术面被引导到一个不对的方向。因为工具书的技法分类通常是大分类，很难面面兼顾的穷尽细分。这时，我会建议先抱着参考的心态来看工具书，而且一定要在家多练习，去印证画出来的效果和工具书说的是否一样，还可以把练习后的妆容拍下来，把学习化妆当成功课来做，让这份学习与模拟的过程变得有意义，才能成功地把一次一次的化妆经验，转化为有效的功力累积，同时增长你对彩妆的判别能力。这些都是要成为化妆好手前，无可"幸免"的必经过程，包括我们这些专业的彩妆师也是。为什么专业人士的妆会画得好？在养成过程时，我们一定会天天练习；学成后，在化妆的过程中还是会不断地去累积、实践、印证、反思自己所学的与新吸收的，所有的功力都是这样一天天堆砌出来。相信我，要成为化妆好手，没有快捷方式也没有必杀秘籍，只是看你在心态上与行动上，是否愿意去实践。

chapter*18*

彩妆加分术

- 线条比例位置
- 正确化妆法
- 上妆顺序
- 眼影教程
- 睫毛膏
- 假睫毛
- 小脸修容法
- 画眉
- 私房补妆术
- 挑工具

HOW TO 1

线条比例位置

彩妆方法一：想要画出最适合自己的彩妆，首先一定要先了解自己的五官优缺点，并且掌握彩妆的"线条、比例、位置"三大关键！

　　要善用彩妆来修饰五官与脸型，首先，你一定要对自己的五官优缺点，有所了解与掌握。好好对着镜子端详自己的五官吧，先仔细看个别的五官，也就是局部拆解，再看整体，也就是整张脸，这动作就像穿衣你会看单件，但最后的步骤一定要看"整体"，而彩妆也是。

　　在了解自己的五官优缺点后，你就比较容易找到化妆的方向了，但一切的前提都是你要"接受自己的长相"！因为接受了自己的样子，才不会有"通过彩妆把自己变成另一个人"的念头，毕竟彩妆可以有微整形效果，但绝对不是整形！在具备这种正确态度后，你才能在化妆时看到自己的优点，进而往突显自己的优点这个方向走。这点非常重要，否则就很容易在不知不觉间，犯了常见的"欲盖弥彰"的失误。

例如当你不喜欢自己的单眼皮时，就很容易在画眼线时，下意识地下手过重，导致老远的别人就看到两条大粗黑眼线，如此的斧凿痕迹反而让妆容看来很不自然；而当过度不自然的状况发生时，就谈不上什么美感了，这就是执行的方向与方式都错了。

有了对的态度后，就可以呼应到技巧面，我认为彩妆最重要的还是"比例、线条、位置"这三者。比例抓对、线条抓对、位置抓对了，基本上你的妆容就不会出大问题。眼线的线条要如何拿捏、腮红的位置与占全脸的比例如何，等等，都是比例、线条与位置的问题。

不过要找到最对的位置、比例与线条，这正是化妆中最难与最高的境界。你可以发现同一个明星被不同的彩妆师化妆，画出的妆感一定不同，因为大家的观念与美感不可能一模一样。但是，我们每个人都是自己脸庞的主人，所以我还是要请你给自己定位好这个有难度的功课：为自己找到最适合的彩妆比例、线条与位置，并且在每次的化妆与练习时，都要不断留意这几个大关键。

例如，在你照工具书所教的位置刷上腮红后，就要问：这个位置最能修饰我的脸型吗？若上移或下移一些些呢？形状略微调整呢？占全脸的比例再少一些或多一些呢？诸如此类的自我问答，都要请你在练习化妆、实战过程中不断地自我提问，并试着为自己的脸找出美丽的答案。

常见的彩妆错误提醒：

关于化妆的心态建设，除了要认清楚"化妆可以调整五官，但不是整形"之外，你还要接受几乎多数人的五官永远都不会对称的这个事实。五官对称并不是美丽的必要条件，事实上，人之所以有魅力，就是在于每个人的五官都自有风格、能各自表述美丽的语汇。

你当然要在化妆的过程中为自己的面容做某些调整，但若调整过头，就会变成失败的化妆法。例如，有一些工具书会教导你，若是大小眼，就要把小的那只眼睛的眼线，画粗一点。这个说法对不对呢？理论上是对的，但同时也要提醒你，不要为了让两眼的大小一致，而画出过粗的眼线，因为过粗的眼线反而会得到反效果，而且当一眼的眼线太过明显时，在视觉上也会有不平衡感。另外，一条眼线不会只有一种粗细，有时可以眼头粗一点或细一点，都可视自己的眼型去做细微的调整。因此在化妆时，除了要留心"大方向"是否正确外，还要注意在对的方向中，过与不及的问题！

正确化妆法 HOW TO 2

彩妆方法二：为自己养成"正确"的化妆习惯，将有助于你找到适合自己的妆容！

化妆技巧千百种，你适合哪一种、要如何画，其实有点像医生看门诊，都需要针对每个人的五官与脸，提供个别的建议。但有些好的化妆习惯则是通则，养成后将能大幅的有助于你找到最适合的妆容。

我建议大家在化妆时，一定要养成一个习惯：化妆后要拉开自己与镜子的距离，较远距离地检视自己的妆容，这样才能清楚地看到比例、线条与位置的状态，完妆时的完整性也才能被清楚检视，之后再针对不正确的部分进行微调，展现出完美的妆容。

由于我们习惯在化妆时，距离镜子很近，会一边画一边检视有没有画好，把化妆拆解来观看。但化妆这件事，本质上应该是组合在一起成为一个整体，就像穿衣服一样，别人第一眼看的是全身，而不会只看你的裤管或衣服缝线。化妆也是，他人眼中看到的不是你的局部腮红或睫毛，而是整脸映入眼帘。所以，在画完一个部位时，就要拉开自己与镜子的距离，拉远检视，完成后更要做这个"有距离"的整体检查动作。

提醒：

灯光也是化妆时要注意的事项之一。我还记得有一次和女性朋友去饭店吃饭，那次对方行程很赶，工作一整天妆都掉得差不多了，所以抵达饭店才匆忙进洗手间补妆。但没想到饭店洗手间的灯光是黄光且较为幽暗，在这种灯光下，因为光线色调的偏差，一来看彩妆颜色会不准，二来偏黄的色调也会令人在化妆时下手较重，反之在白光下则因为细节都能看清楚，能较精准地上妆。所以当我朋友一出洗手间时，迎面而来的是一个超级大浓妆！要提醒大家，化妆时一定要在光线充足且最好是类似日光的白光光源下进行，并且如果可以的话，尽量不要在梳妆台前装设顶灯，因为从头上打灯会造成你脸部有阴影。

HOW
TO3

彩妆方法三：你可能常听到这种说法：
"某些彩妆颜色不适合东方人……"
对或错呢？想要化好妆，先打破对彩妆的颜色困惑吧！

　　就如同前面说的，对于颜色我不会多作选择上的阐述，因为这是个人喜好。但是，千万别相信什么颜色是东方人不能用的说法！我认为东方人什么颜色都能用，只是看如何把它用得漂亮，因为颜色并不是这么单一的概念，每一种颜色都有不同色阶。

　　你可能听过东方人不适合用蓝色的说法，但是"蓝"有那么多种，宝蓝、天蓝、Tiffany Blue、深蓝、蓝绿……另外，质地与光泽感也会令同样的颜色产生不同色泽，画在脸上是大面积还是局部等变项，都会让颜色有各种变化，所以这种说法的问题等于一竿子打翻一个颜色，将会窄化了颜色的概念与大家探索颜色的空间。

选色 tips：

　　每个人都有自己选择彩妆颜色的依据与方法，我个人建议，以东方人来说，如果你喜欢某种颜色，还是要先去检视自己的肤色，因为肤色就是我们上妆的画布。如果你肤色偏白、偏粉嫩，那么恭喜你颜色的选择空间就会比较大，几乎不会有什么"Don't！"但若你的肤色偏黄，我就会建议找颜色时要往冷阶、灰阶的方向去，例如你喜欢绿色，那么就可以试试看偏灰的绿色，这通常比较适合东方人。若你的肤色是偏黄、偏暗沉，那么要掌握的大原则就是不要把彩妆色调偏向带有黄色调的色调。

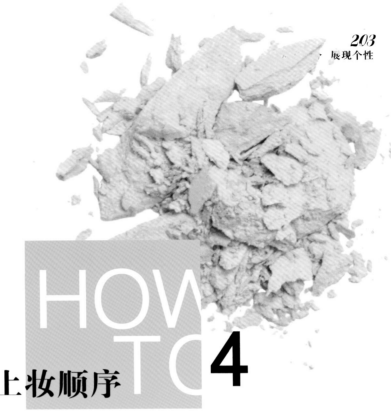

HOW TO 4

上妆顺序

彩妆方法四：彩妆有正确的上妆顺序，请从彩妆品的质地来判断！

眼影跟腮红，是要在刷蜜粉前画，还是之后呢？对此坊间有不同的说法。顺序到底是什么，还是要从产品的质地来做决定，才能达到最佳的上妆效果。

一般来说，眼影与腮红有粉状、霜状、膏状、慕斯等不同质地，而不同的质地在什么时候用会有所差别，所以若你用的是粉质腮红（包含饼状），就需要在蜜粉之后上，才会均匀，顺序为：粉底→蜜粉→粉质眼影与腮红。眼影跟腮红若是油膏状，也就是含油，那么就要在刷上蜜粉前画，顺序为：粉底→油膏状眼影与腮红→蜜粉。

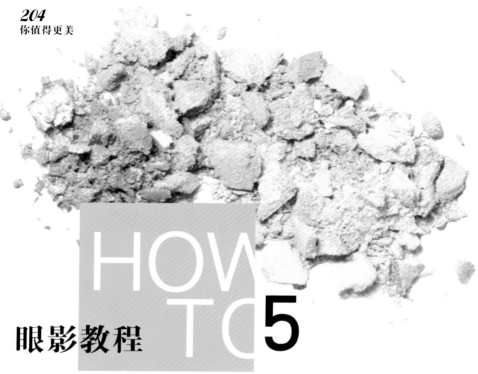

HOW TO 5

眼影教程

彩妆方法五：正确的眼影画法，关键在于营造"柔和且自然"的眼神！

除非你想刻意营造出犀利的眼神，否则一般我都建议，应该通过眼影去营造眼波的自然柔和感，如此看起来会很舒服。

这时，无论你的第一笔眼影是使用哪种颜色，都一定要从睫毛根部开始画，再往上晕开做渐层效果。善用眼线与眼影间的搭配也相当重要，在一般日常生活中，我建议眼线与眼影的最佳画法是：先用黑色或咖啡色眼线笔在睫毛根部描绘出眼线后，接着画眼影时，就要把眼影从眼线迭上去再晕开来，这样就会造出一条自然而柔和的眼线，不会太有杀伤力、过度锐利。除非你原本就想刻意营造强烈眼线的特殊效果，例如上台时需要效果鲜明的舞台妆。对我们东方人来说，这时使用单色、大面积的渐层眼影画法，就能制造出深邃的眼眸，美感也就营造出来了。

提醒：建议必备的眼影颜色

　　我认为每一个女生，都应该要有一个咖啡色、雾状（不含金属光泽），也没亮粉的眼影，因为这是营造眼部轮廓的最佳帮手。在把咖啡色眼影以渐层方式从睫毛根部往上渐层晕开后，这时无论你想加金色来强调光感，或者不再加，都会很漂亮。因为你的眼部轮廓已经被营造出深邃感了，要再加上什么颜色或闪亮光泽感，就看你当天的穿着搭配与个人喜好了。

HOW TO 6

睫毛膏

彩妆方法六：纤长、浓密、卷翘？睫毛膏的建议选择方式！

要如何选对睫毛膏呢？这是很多人问我的问题，我通常会说：嗯，其实很难一语道尽。

为什么呢？现在市面上的睫毛膏，大多是按照效果来区分：卷翘、浓密、纤长。但是，其实睫毛就像头发，它是身上毛发的一部分，而且每个人与生俱来的发质不同，睫毛也是一样。所以，你的睫毛是柔软的，还是坚硬的？是浓密的，还是稀疏的？是顺直的，还是天生自然卷？必须先了解自己的睫毛状况，才能正确选出你想要达到某种效果的产品。

若没有先评估自己天生的睫毛状态，就会发生适合别人的却不一定适合你的情况。所以若身边的朋友推荐哪支睫毛膏好用，你最好先观察一下这个人的天生睫毛条件，跟你是否相同。若先天睫毛条件较为接近，同一个产品才可能适合你，这种经验的分享才能真的对你有帮助。

对于睫毛膏的选择，在这里我提出的大原则上的建议是：若你的睫毛偏软，就千万不要选择内料太湿的睫毛膏，要让内料干一点再使用，才不会造成睫毛的过度重量负荷，也比较不会塌下来，并有持久度。这时睫毛膏有没有含纤维都不是重点，因为只要是过重的睫毛膏内料，都会让你的睫毛不容易持久卷翘。相对的，若你是属于较硬的睫毛，可能就必须选择较厚重或含胶量较高的睫毛膏，这类睫毛膏才能给予硬睫毛有效的支撑与卷翘的能力。

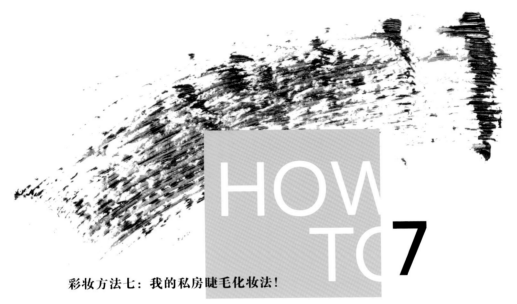

彩妆方法七：我的私房睫毛化妆法！

　　若你的睫毛怎么夹都效果不明显，那么可能就要选择装有电池的烫睫毛器，利用温度把睫毛的卷度固定之后，先选内料轻薄一点的睫毛膏，固定你睫毛的形状做定型的动作，等睫毛膏干了之后，再重复一次使用睫毛夹去夹卷睫毛。之后可以再使用较为浓密型的睫毛膏来卷翘增浓你的睫毛，因为这时你的睫毛已经吃得住这个重量了！

　　也可以考虑用另一支加强纤长效果的睫毛膏，为睫毛做纤长的效果，因为这二者是不同的效果属性，所以还是要选择相应的产品。但无论你用的是哪一种效果的睫毛膏，都要等第一次上的睫毛膏干了之后，再做第二次动作。这时，要让睫毛膏的纤维附着在睫毛上，不会是第一步的动作，因为可能会令纤维乱跑而让眼妆看来不干净，就如我一开始所提到的，上睫毛膏的第一步是要让睫毛有支撑力，接着才是其他效果的加强。

彩妆方法八：要先上眼影还是先夹睫毛？
若要画出最漂亮的眼妆，在夹睫毛的前后，其实都要做画眼影的动作！

要先夹睫毛还是先上眼影？许多人心里都有这个小问号。这个顺序跟你的眼型有关，若你的眼睛非常内双或者单眼皮，你可以选择先画眼影再夹睫毛；若是比较凸的双眼皮或是眼皮较宽、厚，那么相对的，就没有先后顺序的差别了。

为什么呢？以我自己的上妆方式来说，我会先把眼影，包含眼线，画好到一定的程度，接着夹睫毛、上睫毛膏后，再回头把要加强的眼影部分完成，分成前、后两个步骤。也就是说，先把眼线画好、大面积眼影做好，睫毛夹好，刷完睫毛膏，接着我一定会看着镜子，检查哪里不足，也许画好之后发现眼尾部位的眼影显色度不够，可能会有点看不到，这时我就会做加强的动作，或是在光泽度上再做一些调整补强，如此眼妆才会漂亮。

所以严格来说，眼影跟夹睫毛这两个动作无所谓前后，而应该是夹睫毛的前后都要做上眼影与加强或者修饰的动作，前面的眼影重点是把基底打好，后面则是重点强化。再举个例子，当我想画无辜感的眼妆时，眼尾的眼线部分要下拉营造出微微下垂的无辜感。这时我自己的操作方式会是，后面眼尾延长的部分，我会等睫毛膏上完后，再找适当的位置去延长，这样位置才会对，也才能营造出想要的效果。而这就呼应到我一开始提到的彩妆重点：线条、位置与比例的调整。

假睫毛 HOW TO 9

**彩妆方法九：就像利刃会有双面，
假睫毛要为你加分还是扣分，
往往只在你的美妆观点一念间！**

　　近几年吹起假睫毛风潮，现在越来越多女性在日常生活中会戴假睫毛。我自己就有过好几次这种经验：走在路上，看到戴假睫毛的女生走过来，老实说，有时我真的只注意到她的假睫毛，因为那对假睫毛实在太抢镜了！过厚、太假的假睫毛，一定会反客为主地成为整张脸的主角，对我而言，这种状况谈不上美丽。

　　对这种状况我想问的问题是，为什么要把假睫毛戴成"假"睫毛呢？这和眼线的道理一样，若不是为了特殊目的与舞台效果，我认为假睫毛应该戴起来就像你的真睫毛般，自然而不着痕迹，甚至让人心生困惑："这是你原本的睫毛吗？但怎么这么长？可是又好自然！"这才是假睫毛的漂亮运用方法。

　　只是，会选择戴上过度明显而夸张的假睫毛，有时是对化妆这件事隐藏着鸵鸟心态。你也可以反照自己的内心是否有这种状态：一旦戴上假睫毛，就好像可以遮盖掉很多化妆技巧上的不足，例如眼影不均匀、眼线画不好，反正在一层又一层的假睫毛堆栈下，越戴越厚，这些问题好像也不明显了。但导致的结果就是，你的妆看起来会混浊不干净，缺少了化妆应该要有的细致感，如此我认为就失去了化妆的美感意义。

对我来说，戴假睫毛的目的应该是"调整"与"补强"，包括营造脸部的立体感、眼睛的轮廓与细致度，而不是让脸庞被夸张的戏剧效果占领。习惯戴上很浓、厚、长卷的假睫毛的女性可能也要想到一个问题，因为潮流是瞬息万变的，若有一天流行自然妆、不戴假睫毛或是要戴得很自然，这时太假的假睫毛就会让人看起来很过时，那么你要怎么办呢？

一旦戴上很浓厚的夸张假睫毛，妆也就会相应地出现浓妆感，过于人造的假东西，魅力永远比不上自然感，这是千古不变的道理。回归到化妆的原点，如果我们化妆的目的是要让自己更漂亮，包括戴假睫毛也是，那么就不妨想想一般公认漂亮的女明星，有哪一位会这样过度夸张地戴假睫毛？我想是少之又少。每一个人之所以被认为漂亮，都是因为有自己的风格与风貌，而不会因为脸上有一副夸张的假睫毛就会被认为美丽，因为美丽是整张脸的整体魅力感，这就是观念上的问题。

提醒：

夸张的假睫毛风潮，我想和网络上的自拍流行有些关联，当你戴上很长而夸张的假睫毛拍照时，再加上不少拍照的程序都有美白或肌肤美化的功能，可能在数字照片中不会看来过假，甚至还会让眼睛妩媚有神。但我想提醒的是，影像终究是影像，真实生活中亲眼所见的"假"，完全是另一种效果！

小脸修容法

HOW TO 10

彩妆方法十：腮红＝修容？聪明的腮红修容上妆术，
可以营造小脸立体感。

　　其实对我来说，上腮红除了可以营造好气色外，腮红其实就等于修容！应该是说，许多人会把腮红和修容分开来看，但在我的逻辑中这是同一件事，因为就上妆的位置与目的而言，腮红与修容都是在调整脸型与立体度，所以在上腮红跟做修容动作时，应该二者一起思考；当你有这个概念后，腮红与修容就会变得比较好画了。

　　这时先检视你的修容产品，我认为每个人不应该只有一种颜色，因为会不够用。最好要有一种雾面的、完全没有珠光的修容产品，因为需要修容的部位是要去营造脸部的暗面，应该是隐晦的。它的颜色选择可以比你的粉底深一到二号，通常深色粉饼也会是不错的选择，很多彩妆师就经常拿它来当作修容产品。

大部分的东方人，需要修容的部位是着重于太阳穴到颧骨，及耳朵前这部分的位置，另外还有腮帮子下的部位（也就是俗称的轮廓线），都可以运用深色粉饼，使用大刷具在这些部位进行修容，之后把刷子剩下的余粉往颧骨下带，以上动作就能勾勒出所谓的脸部轮廓线，或者是立体小脸感，这时，脸部的基本修容工作就完成了。

接下来上腮红时，若想营造双颊的丰润感，不妨选带一点亮感的腮红产品。而一般最常听到的建议腮红部位，是在笑肌那儿，我也认为这是对的建议方向。但别忘了要跟你刚做的修容部位有所连贯，整体妆感才会出来，才会有修容与修气色的效果，所以必须运用两到三种颜色去做整体营造，千万别以单色、大面积画法来操作，否则就无法达到修容兼润色的效果！

修容 tips：

若你的眼下比较坍塌内陷或暗沉，我个人，也包括一些彩妆师都会运用这个技巧去修饰：利用浅而透明的粉红色，最好是带有光折射感的腮红，少量轻刷在眼下部位，就能让眼下看来较为圆润丰满。

选择含珠光的腮红，而且颜色要选非常非常浅的粉红色，最好是偏灰的粉红色，再用小刷子沾上少量的腮红，并且一定要轻轻甩掉多余的粉末，再均匀地于眼下到苹果肌之上的部位，轻且薄地刷上一次，如此就完成了修饰的动作。

HOW TO 11

彩妆方法十一：掌握唇妆的概念与技巧，并且与整体妆容搭配得宜，同时善待你的双唇肌肤，那么魅力四射就并非难事了！

　　在脸部的所有彩妆中，我认为唇部的表现是最个人化的。你不用害怕使用大红色的口红，或是裸色到像没有擦口红般，因为不论深色或浅色都能自由使用，空间非常大。这时只要把握一个原则就好了：永远记得，脸上的彩妆只能有一个重点或强调。

　　如果你今天的彩妆重点在眼睛，那么唇部就要放淡、轻一点，这包括颜色以及光泽度。如果眼妆用的是很亮的色彩，或是含珠光与金属光泽，那就不要画很亮、很油的唇，要把唇部的光泽度稍微降一点，否则，不同部位的彩妆都抢当主角，结果就是没有重点了。

　　反之，如果你今天想要突显唇部的魅力，那么眼妆的色泽就要单纯一点，还是回到脸上永远只维持一个重点的大原则。当然，如果你有其他目的如舞台表演效果，就不在这个讨论范围中了。

提醒：

观察一下唇部的彩妆品，你可以发现唇彩的质地与光泽度，是跟着流行在改变，也就是说有所谓的 trends（潮流趋势）。非常有可能某天开始就流行起雾面口红，这时你就一定要在平时做好唇部保养，否则擦上雾面唇膏时，唇纹就会一条条的非常明显，美丽也就打折了。

我甚至认为，保持唇部肌肤的健康状态，远比擦什么颜色唇彩都重要，因为保养好唇部肌肤，不管什么质地的口红都可以擦了。

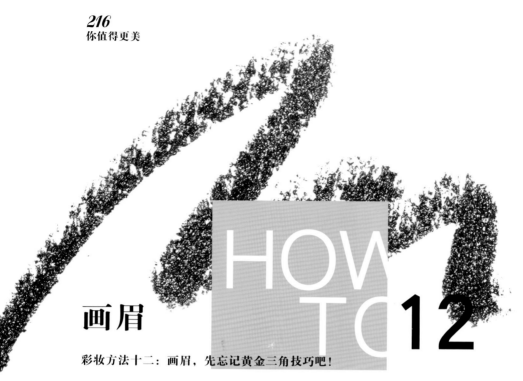

画眉

HOW TO 12

彩妆方法十二：画眉，先忘记黄金三角技巧吧！

　　眉毛，绝对非常重要，若眉毛画不好，人的长相就会变很多，所以眉毛的比例是很重要的彩妆议题。

　　但要怎么画出漂亮又适合自己脸型的眉毛呢？许多工具书都会跟你说，以黄金三角比例就能抓出自己的眉毛，但我建议，这个说法可以参考，但千万别当成金科玉律来奉行，不要让自己被这个不是铁则的说法给绑住了！

　　因为黄金三角虽是指导原则，但参考书却没告诉你，眉毛还有粗与细、弯度等差别，这些都会影响到你的眉毛结尾必须延长或缩短。所以，有时我还是会建议身边的女性朋友，先忘记黄金三角吧！眉毛的长度、弯度与粗线，每一个环节都能造成差之毫厘失之千里，所以只能通过个别咨询来提出建议，我也还是建议一定要自己多去尝试。

提醒：

　　要随时保持眉毛修整齐的状态，特别是杂毛一定要拔干净，但并不是指必须拔到细细的眉型，重要的是整齐。因为这种小细节，正会影响到你的美丽细致度与整体的清爽感。

画弯眉＆营造挺鼻子的 tips：

　　如果你想尝试弯眉，但又担心一不小心就会看来老气了。在此分享一个画法：把眉峰往中间画，可以画到 1／2 的位置，因为弯眉通常是眉峰越往后画，越显老气，弯度越中间越年轻，这是一个简单的 tips，大家可以在家里先试试效果。

　　另外，根据实战经验，还有一个有趣的分享：若你希望鼻子看起来挺一点，这时就可以把两个眉头的距离稍微画近一点，很奇妙却有效，能自然而然地就制造出挺鼻子的视觉魔法喔。

私房补妆术

彩妆方法十三：完美补妆术，工具与操作上的私房分享

如果你是职场女性，就应该都有过这种经验，出门时用心画出的漂亮妆容，到了午后却开始脱妆——这还算是正常的现象，因为人的脸部肌肤都会自然泛油，若在高温的夏季更容易油脂分泌旺盛，再加上如果你的工作是外勤，那么，掌握正确的补妆方式与工具，就更重要了！请记住，美丽永远都是一件需要维持的事。

想要把妆补好，第一件事就是要先把脸上泛出的油去除掉，如此才能做后续的补妆动作。我推荐的吸油方法很简单也很好处理，请使用面纸（非抽取式或卷筒式卫生纸，除了纸的细致度有差别之外，使用卫生纸也会有细碎纸屑残留在脸上的问题），包着粉扑或海绵，接着轻压你的脸部，利用面纸把脸上多余的油吸掉，这就是专业彩妆师最常用却相当简单的补妆前标准动作。

在下手补妆前，一定要先检视清楚自己的妆容状态，哪里不均匀了？哪里掉了？需要补一点底吗？是用粉底液还是什么产品？我认为粉底液是补妆时的好选择。因为它的质地较薄，适合扮演"加上去"的补妆角色，这可能和一些女性习惯用的补妆产品不同。因为方便的原因，我发现不少女性习惯用粉饼来补妆，但方便的妆相对的也会缺少点精致感，所以我还是建议不妨试试粉底液：先把粉底液挤在手背上，再轻轻地用海绵蘸取，并在手背上微微按压，让粉底液在海绵上能均匀附着；接着在脸上需要补强底妆的位置，以拍打轻压的方式，去做补强底妆的动作；最后，可以再用大刷子蘸取少量粉饼或蜜粉，轻刷于全脸做定妆的动作。

　　以上就是补妆的正确方法，这样补出来的妆不会让人感觉不干净或有厚重感，是我最推荐的补妆术。

关于吸油面纸的重要提醒：

　　有些人会习惯补妆前用吸油面纸来吸油，但这是我相当不建议的方式！倒不是吸油面纸本身不好，而是根据我的经验，市面上的吸油面纸质量参差不齐，而且要精准地判断吸油面纸是否优劣，也不是那么容易，所以我并不推荐这种方式。

　　但若你仍想用吸油面纸来处理脸上多余的油，我会建议不要买含粉的吸油面纸，因为通常这种粉质都不会太好，使用后很容易造成脸上的粉呈一块一块的斑驳状况。其次，就是吸油面纸的"纸"本身，也可以作为评判好坏的依据：若吸油面纸的纸质薄又有韧度，也就是用手轻揉它时不容易破裂，那么通常就是比较好的纸质，这是最粗浅的判断方式之一。

挑工具

HOW TO 14

彩妆方法十四：工具篇之要化好妆，就要工欲善其事，必先利其器。

先问自己一个问题：你舍不舍得花钱购买比较好的彩妆工具呢？如果你对这个问题感到犹豫，那么我再修正一下问题：你舍不舍得花钱购买，真的能够帮助你把妆化得更好的彩妆工具呢？这时有人可能会点头了。

事实上，一个比较好的彩妆工具，确实能有助于你化妆，例如好的眼影刷可以帮助你把眼影画得较均匀，抓粉力也比较好，不会造成眼影粉掉到眼睛下面的窘境，让你还要重画一遍。而且，若买到一定等级的彩妆工具，确实可以使用很久，以摊提的概念来看，其实是值得的美丽投资工具。

至于好的彩妆工具，要如何判别呢？根据我的了解，大品牌出的彩妆工具通常会有一定的质量保证，都可以作为选项之一。而在刷具的毛质方面，则别迷信"天然动物毛"就一定好，因为天然动物毛也分很多种，是小马毛、山羊毛、貂毛、松鼠毛还是混合毛？毛的种类会造成质量差异，取的部位也是另一种讲究，并非每种毛与每个部位，都适合作为接触肌肤的刷具。这就跟买用真发做成的假发套道理类似。有些所谓采用"真发"制成的假发，其实是用不好的发质、再用药水浸泡做后续处理，让发质看起来更有光泽，这远比人造假发还来得糟。

所以，先别落入"天然的一定好"的思维定势，也可以多留意刷具的制造地，因为产地也会关系制成质量。但如果你在预算上，没办法买到好的天然动物毛刷具，其实可以考虑人造化纤刷具。因为好的人造化纤刷具的抓粉力并不差，甚至可能比劣质或次等的天然毛刷具有更好的触感，效果可能也更佳。

citta

美丽生活篇

Part VI

舒适生活　浪漫打造

让美丽在生活中蔓延，居家生活也有好风景。
除了当自己的专属服装造型师外，你也可以当
自己的居家造型师！

为居家生活做造型，一直都是我的快乐人生储值法，尤其"家"是一天当中会待上很长时间的空间。如何为自己营造出一个舒适、怡人、有风格的家，你也可以在其中真正地放松、好好地过生活。我相信对居家空间的经营与用心，一定能为一个人带来正面的心理能量。

虽然说，每个人对理想家的描绘与期待都不太一样，例如我跟身边的朋友聊到这个话题时：你想要怎样的"家"？有些人的第一个反应是，我想要几个居家成员，养什么宠物，也有人说喜欢哪种居家风格，想住在哪一区域，或是要有一套够看的家庭影院，就心愿足矣。你自己对理想居家的答案是什么？什么又是你现在力所能及可达成的？虽然豪宅不是人人都有能力负担的，但改变居家的氛围与生活风景，把民宅当豪宅住，这都是我们可以为自己创造的居家好心情。

如果你认同美丽的外表，可以由自己来创造，也在阅读这本书后，努力去成为自己的专属服装造型师与化妆师，并且认同自己值得更美的理念。那么，为自己营造美丽的居家生活，正面的人生情调，你当然也能为自己创造！而居家生活的美景，就像穿衣、化妆、保养等都是有"方法"与 tips 的，只要掌握一些居家设计技巧，其实就能初步地为居家生活带来新气象，从空间、摆设到气氛营造都是。

　　要踏出第一步，首先你要先放下阻碍你去尝试的"但是"两个字：但是我是租的房子，所以……"但是"我没什么额外的装潢预算，所以……"但是"我家很小，所以……"但是"我又不在乎居家环境可以睡就好了，所以……先抛开含有预设立场的"但是"两个字吧，试着把"过日子"的想法，调向为"过生活"的态度。二者的差别在于你愿意为生活花心思，认为自己值得更好的生活环境与情调，而且这也绝对不是有闲、有钱阶层的专属。想法可以转个弯，试着去品位生活的韵味吧！

chapter*19*

小花费居家术、植物魔法、私房收纳

- 小花费居家术
- 植物魔法
- 大与小
- 私房收纳术
- 投资单品

小花费居家术 HOW TO 1

居家生活造型方法一:

无法大动作的装潢,也有预算上的限制,

这都没关系,先从居家的嗅觉与灯光着手吧,

就可以轻松创造出居家新心情!

　　巧思,可以改变生活的风景。所以就算你是租的房子,也别心存过客的心态。因为你的态度会决定居住空间的样貌,公平地回报给你。这时,何不花费一点小额金钱来营造居家氛围,因为小小的一个动作,就能营造出明显的居家生活情调,让你更想回家,也让家不只是功能性的睡觉空间,而是让你放松、补充元气、好好过生活的能量补给站,我认为这是一种高投资报酬率的人生投资。

　　若没有太多的预算放在居家上,其实可以先从五感中的"嗅觉"与"视觉"下手,是执行度高且花费低的居家氛围营造方法。以嗅觉来说,包括用蜡烛或者拓香都能营造出生活情调,而视觉,在这里我指的是"灯光",更扮演着居家魔术师的角色。

嗅觉生活创意法：

常常有朋友来我家时，会说我家有种让人放松的味道。他们并不是指抽象的生活情调，而是指嗅觉上真的闻到的味道。老实说，刚开始我自己也完全没注意到，因为我已经闻习惯家里的拓香味了。通常我都会固定买同一种香气，在家里的每个空间都放置，这是我的个人习惯，但若是你初开始尝试居家香氛，则可以从单一空间试起，也不一定要每天点蜡烛或线香，先以尝试的心态去找出适合自己的频率与喜爱的味道，慢慢地，焕然一新的好心情也能被开启，这就是嗅觉的力量。

很有趣的是，我家的清新味道，都会让来家里做客的朋友留下深刻记忆，所以无论我家搬到哪，通过嗅觉的记忆链接，都会让别人觉得这就是我家。所以，别忽略了抽象的居家嗅觉，因为这不需要花大钱，而是需要你去经营。

现在的居家香氛产品，多数也非常重视造型上的设计，有些更可以当成空间的点缀摆设，它们的体积通常不会太大，并不会太占空间，所以在嗅觉或视觉上，都可以达到美化空间的效果。

提醒：

因为我特别喜欢白麝香及柑橘类的清新香味，所以一年四季都不会更换味道。但是若不像我只对某种味道情有独钟，则建议可以根据四季或自己的心情，通过嗅觉来为居家做出不同的表情。夏天是果香的季节，冬天若点上檀香或木质香调，则能营造温暖感，春天可以为家里增添一些花香——以上都只是选项之一，在家这个私人的空间，其实不需要给自己过多的原则与束缚，完全可以视心情来随心所欲的营造。

1＋1 的灵活搭配 tips：

有时，当我想为家里换换气氛，但又不想换新家具与添购摆设时，我也会灵活运用拓香、蜡烛，来搭配其他既有的摆设品。如果家里有大花器或平的盘子，可以把蜡烛或拓香摆放上去，甚至是杯子或任何东西都能拿来运用，这种一个套一个的搭配法，不仅节省收纳空间，而且不同的结合方式与摆放位置，如放在比例不同的桌子上，或者平盘子上放透明玻璃杯，里面再放上蜡烛，都能带来新感受。有一次我就试着把拓香放进一个全黑的方形花器中，即使看不到拓香，但香味还是会从中散发出来，是我很喜欢的生活情调！

灯光生活氛围法

居家的视觉，不外乎颜色、光影变化等，其实不论空间大小，我认为"光"都是居家生活最需要讲究的一环。

但讲究的方式，并不是指灯具的品牌要高级，而是着重于灯光光源的颜色，以营造出舒适的居家情调感。对于室内的光感，我偏好间接照明，因为直接光源如顶灯等，照在人的脸上会产生阴影，并不会太好看。所以若你的房子没有间接照明灯源，可以去大型家具店或灯具店，买盏立灯或桌灯，关掉原有的顶灯光源，利用辅助光源来营造屋内的光线氛围，就能对家里的对象产生柔焦的作用。

而光源的颜色，我自己不太喜欢亮白的白光，因为会让我联想到办公场所，带点冰冷感与过度的理性感。若我们都期待家是一个能让你放松的所在，那么下次不妨换上黄光灯泡。这种光带有温度与生活感，放置空间一隅，像是客厅或主卧室摆放一盏立灯，你会发现家的线条真的柔和许多！

就像嗅觉一样，光也是需要营造的，在回家后的夜晚，黄色灯光、间接光源、晕开而柔和的，将可以为你的家点燃温暖的想象！

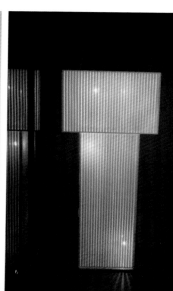

植物魔法

居家生活造型方法二：小对象大改变之善用植物，为居家空间带来生命感！

　　不知道你跟我有没有同样的感觉：有宠物的家，空气中经常会飘散着活力的氛围，也很有生活感，我想，那是因为生命力的注入。但是，不一定每个家庭都适合养宠物，这时我就会建议，那就来养植物吧，你也可以用养宠物的心态来呵护它，因为植物也能带给环境生命力。

　　我很赞成家中要有些绿意或花卉，它能让冰冷的空间顿时鲜活起来，也是一种好的摆设装饰。若你没有风水上的考虑，我还是建议以个人喜好来选择，毕竟家是你休憩的生活空间，还是要符合个人偏好。植物需要照顾，所以你的生活与工作方式反而是最需要纳入考虑的，像是若你没有空余时间来照料植物，某些种类植物就会不适合。唯一要提醒的是，我不建议摆放假花与人造盆栽，因为无论它做得再怎么真，它们就是假的，既无法带来生命力，也不会有花香，反而会让环境有种商用空间感。

采光提醒：

  有些植物，需要沐浴在阳光下，而阳光、自然采光与室内灯光不同，室内光可以自己营造，但阳光、采光则是一开始在看房子时，就一定要考虑的。它能为家带来明亮与愉悦的生命力，对我而言好心情一定跟阳光画上等号，所以你一定要为自己的家，至少留一扇窗，尽可能地让家里的主要空间有自然光！

大与小 HOW TO 3

居家生活造型方法三：
想要通过居家装饰来营造家的风格，
秘诀在于选件要从大到小！

对于室内的装修准则，有些是见仁见智，而我自己则会建议，尽量少做固定式的家具，一方面是你无法再移动它们了，很难定期改变居家环境的风貌，搬家时也永远带不走，无论如何都会制造很多不便。

基本的天花板、地板与墙面，我认为还是要用心做好，因为天、地、墙已经为你的居家氛围先定下基调，所以必须仔细思考，其他的风格营造，就交给家具与居家对象吧！

家的风格，可以分为很多种，中国风、极简、波普风、乡村、现代、欧风等，光是风格就可以分出非常多种，还可以像服装穿搭般在做风格的 mix & match，真的是件很有意思的事。但不管你喜欢什么风格，在选购家具前，大的准则要先出来，在心里要有一致性的想法作为依循，而且在采买家具上，一定要先买大件家具做定调，不要从小的摆设与家具开始买起，因为这样很容易让风格一不小心就跑掉了，导致买到不合适的东西，无谓地浪费许多金钱。

先把大件家具买好，并放在预定的位置上，这时你还需要什么小东西来装饰或强化风格，不管是画、雕塑、花器、盘子等，就一目了然了。以我自己来说，我喜欢用不同的风格来碰撞出火花，例如买现代感的沙

发，搭配中国古董的柜子，再加上欧洲跳蚤市场的古老水晶吊灯，呈现一种东西交会、怀旧与现代冲突碰撞出的完美协调风格。同样的，在这几件大型家具都到位后，我才会再检视空间与整体需求，陆续添购小配件与家饰。

空间提醒：

　　留白，也是一种居家的表情，而且我认为很有必要性。不管你家有多小或多大，千万都不要把一个家塞得满满，一定要适当地留点空间。这道理就像画图要留白，才会有呼吸感与空间感。若把一个家用大量物品与摆饰去填满，就很容易变成漫无主题的仓库。

**居家生活造型方法四：颜色与材质的运用，
既是居家美学，也是方法论。**

之前提到彩妆与服装时，我都会强调颜色是个人而主观的选择，
而放在居家生活造型中，我对颜色的态度也保持同样观点：颜色本身
并没有对错，只有用对与用错。

首先你要很清楚，你喜欢家里出现什么颜色？此外，不一定要把
喜欢的颜色做全然的彰显，也可以用色块来局部呈现，这是居家色彩
的基本发想原则。例如，若你想利用鲜橘色带出居家的活力感，那么
你可以选择鲜橘色的抱枕或花瓶，甚至是杯垫等小物，不一定只能运
用在沙发或地毯，甚至整张墙面上。

另一个空间色彩的原则是，越小的空间就越需要明亮感，以营造
视觉上的放大效果，从家具到墙面颜色都等同此理，反而小物可以多
做颜色上的深浅变化，为空间带出层次感。

还有一种营造空间层次感与风格的方式，就是"材质"。材质关
系到触觉与居家氛围，一样要从大件家具上先做定调。举个例子来说，
若你喜欢家中的氛围偏冷调时尚感，那么石材地板或桌子、钢等冷色
调材质的应用，就较适合你的偏好。若你崇尚自然风格，那么棉、麻
就会很适合，以及原木、皮等材质也可以纳入选择。这时，你或许可
以选择原木茶几、棉麻混纺的布面沙发，旁边再放一个皮革制成的边

桌，客厅并铺上麻质地毯，其实就能为空间营造出自然风格感了，这时，小物与小件家具就会很好选了。

在材质的选择上，既可以在某个范围中应用"mix & match"，另外就是"同中求异"的原则。像上面提到的自然风，家具就可以在棉、麻、原木、皮革中自由搭配。而同中求异则是如果你很喜欢某种材质，例如皮革，你可以大量运用在家中，但尽量不要选择同一种皮革处理方式，这会让整体空间稍嫌呆板与缺少层次感。因为同一种皮类，不同的处理法就能产生不同的居家表情，如小牛皮有亮皮、压纹、古旧染色感等，都是所谓的同中求异，能让视觉与触觉不会太过单调，多制造点变化与乐趣。

私房收纳术

居家生活造型方法五:
我的个人收纳法分享!
创造井然有序的空间,但在小局部里乱中有序。

老实说,我很怕一个看起来像样板房的家,不管是我自己的家或是朋友的家。像样板房的情况有两类,一是家里面没有人的痕迹与人味,看不出生活感与主人的轮廓,是冰冷无味的。另一种情况是"做作"的空间,家具与物品都是为了观赏用,但却不具使用功能与生活便利性,家具与装潢反客为主成为一个家的主人,在这种样板房式的家里,很难感受到情感浓度。

有些人会误解我不喜欢家像样板房的意思,以为太过整齐就不好。对我来说,家有居住者的痕迹,有生活的痕迹,这和整齐一点儿都不冲突。事实上,居家空间的"整齐",也是我认为一个家要有居住质量的关键之一。但是,若想要常态性的保持家的整齐状态,这就和你的居家收纳空间规划、收纳的方式、杂物处理的方式,以及对不用物品的处置习惯都有关系了。

善用空间对于收纳来说,相当重要。以我自己的家为例,因为工作的关系,我的家里一定常态性的放有很多化妆品与工作用品,所以一开始搬进现在的家时，我就为这些小件、形状不一、量很大的物品规划出摆放的地方，利用家里不太好用的畸零空间，从地板到天花板做一层层的层板收纳柜，这也是家里我经常选择做固定柜子的地方。到现在，它是家里收纳工作杂物的最好空间，一层层的层板上放了一个个大小不同的篮子，清楚地归类收纳，井然有序。另一个定做固定柜子的则是衣帽间，我的衣帽间形态是 walking closet（行动衣柜），但里面的衣柜并不是系统衣柜，因为我不喜欢制式的分类方式，对我也太琐碎了。我的衣柜只有吊衣的横杠，层板与天花板之间的空间则拿来堆箱子，也是做分类收纳，这时只要买一个活动的折叠梯就能解决高度的问题了。

除了要善用空间外，你还可以善用购物时带回家的鞋盒，将小型杂物收纳其中，并在盒子上贴好标签，放在床下或柜子里，一盒一盒地摆放好，并且养成物归原处的好习惯。你可以发现，一个整齐的家就这么完成了，而且还兼具了环保概念。只是，对于我这种注重整齐与秩序的人来说，我还是会在家里为自己开一道小门，允许某个范围内乱中有序，看似随兴。不论是玄关、客厅或主卧房，我都会预留一个小小的方寸空间，让自己可以随手摆放杂物。例如，玄关的柜子上，我就摆了一个大约两个手掌大的盘子，让自己可以随手放钥匙、零钱等小杂物。客厅也有一个方形的收纳盒，里面放了电视遥控器、点蜡烛用的打火机等，也是可以放每天用的小物，卧房的床头柜也是。在这几个地方我容许杂乱，但也都可以找到我要的东西，是生活中不失秩序感的小随兴，这样也能令生活空间在整齐之中，添了一份"人味"。

提醒：

　　好的收纳需要讲究方法与规划，如果你一直把东西往家里堆，也不定期处理杂物，那么你将会发现，家里规划再多的储物收纳空间，永远都会不够用。一旦"堆积"的状态没被管控，就会容易失控，于是居家环境就会陷入杂乱了。

　　对于长久派不上用场的物品，建议大家先想清楚一个道理，与其放在家里闲置不用，还会占空间，也无法发挥它的价值，为什么不把它处理掉，送给别人，或是捐赠出去呢？若你想的是，"万一"有一天可以派上用场……检视一下你囤积的杂物，这个"万一"的概率到底有多高？而且台湾的环境这么潮湿，物品的存放寿命通常也不会太长，与其放在你家无用武之地，失去使用价值，还不如就捐出去或送出去，甚至来个友情二手大甩卖，这才是不浪费又环保的做法！

投资单品

居家生活造型方法六：若有预算余额，我的居家投资建议品项！

居家环境的舒服度是我最重视的生活环境指标，至于所选用的家具与材料，我真的不认为一定要用多顶级或多好，还是要回到自己的预算内来规划执行，否则家就会变成有经济压力的枷锁了。不过若在预算上有些空间，我个人还是建议几项值得的居家投资可以考虑：浴室、床垫与寝具、灯、沙发。你可以算算一天有多少时间会花在这上面：在客厅的时间、睡眠时间以及私密的时间。而至于灯的重要性，则是我在前面提到的，它是空间氛围的营造舵手，所以也可以作为投资选项。

浴室

我是一个特别注重浴室环境的人，因为在浴室中所做的事如洗澡与如厕，都是越放松越好，所以我自己一定会尽量把这个空间整理得很舒适。至于舒适感的来源，不一定只能靠高价的马桶、洗手台或浴缸，若你的预算有限，无法在一开始就买符合你需求的卫浴设备，又或者你是租房住，那么还有一些其他方式可以帮你的浴室做造型。

居家造型的重点之一，就是当硬件改不了时，就要靠布置与氛围来帮忙。从浴室门口的脚踏垫，到洗手台上放的香氛产品，或者把灯光换一换，以及一个更方便使用的莲蓬头，小至卫生纸架，这些都是你可以处理的范围。

不过，因为台湾是海岛型湿热气候，我会建议尽量不要用塑料浴帘，因为较容易滋生真菌。但在便利性与成本的考虑下，若真的想使用浴帘，我也建议几个月就要换一个新的，对你的健康较好。

好的床垫与寝具

睡眠质量对一个人的健康与心情都非常重要，所以一个符合你身体需求的好床垫，以及舒适的寝具特别是枕头，是我认为值得存钱去投资的居家单品。这时也别忽略了寝具的清洁，我认为一个月至少要更换清洗一次，并且棉被要定期拿到阳光下曝晒，这是不花费一毛钱就能把阳光的好味道请进卧房的方法！

灯具

设计师品牌的灯具，通常都在一定价位以上，但根据我的经验，是否好用与耐用，有时和价位并没有绝对关系。当然，你可以为了设计师品牌灯具的造型与工艺，而花钱投资一盏好灯，但是也可以去大型连锁家具店，挑选一盏平价但造型感也不会差的灯具，这完全和你的预算与个人偏好有关。

比较需要提醒的是，灯具的大小与空间的大小，应该有一定的对称比例，以免过大的灯具会在小空间中，成为压迫感的存在。而且在你下手购买前，也一定要想清楚，什么空间的哪个位置，应该补足一盏灯，而它的作用是营造氛围呢，还是也要有实质的照明功能？这些都会影响到你之后的购买选择。

沙发

由于沙发是每天都会长时间用到的家具，一张好的沙发不仅较不容易变形，也较耐久经用，也是我推荐的家具投资品项之一。在选购沙发前，你要先想清楚你坐在沙发上时，通常会做什么事？只是看电

视，还是有些空间稍小的家庭会在茶几上用餐，所以也会坐在沙发上吃饭？目的与用途不同，就会影响到你的选择。

　　若习惯在沙发上吃东西，沙发则要选择方便清洗的材质，或者可以将整个沙发套拆卸下来清理的设计。有的人因为脊椎问题会有最舒服的坐姿，所以沙发的深浅与靠背的角度，也都要多试坐几次，感觉材质的差别，才不容易选错。

　　以上几种推荐投资品项，买对的关键就像买衣服，还是要你自己多看多逛多做功课。但你不用担心会白忙一场，因为根据我的经验，结果如何，决定权都在自己的手上，套一句周星驰电影《食神》中的一句话：只要有心，人人都可以是食神。同理，只要有心，人人都能是居家生活大师。这些居家造型法一点儿也不深奥，但却是延续我对服装与彩妆的一贯态度。所以，希望我的居家生活调味料也能帮你的生活提味，我更衷心地期待，我们都能不只美在外表，还能包括心灵的，以及生活的风貌。

After

后记
我们的对话，美丽的絮语

在这本书中，除了描述我眼中十位美丽女性的
迷人状态外，也请她们简单回复几句话语。
但人生永远有惊喜，心湄回复的内容长度如
一封书信，是关于友情与美丽的絮语。

心湄给 Roger 的一封信

　　Roger 永远是这么笑嘻嘻的，有一次我去他家，听他说刚结束了一段感情，才发现，他其实是一个报喜不报忧的人。看起来我们好像很亲近，但有时候我又不那么了解他。不过，我不会去刺探他的隐私，因为大家都长大了，很多东西要自己去消化、自己去承担，如果真的需要倾吐，他会跟我说。我想，这就是一种老朋友的默契吧！

　　我们的默契，从 27 年前就开始了。第一次看到 Roger，我只记得他是所有造型师里面最高最帅的，但是很严肃，没有什么笑容……这样认真的他，让我想要在接下来的专辑继续跟他合作。

　　在那个年代，不论是歌手或唱片公司，都比较保守，但因为我歌曲路线很前卫，所以他可以很天马行空地做造型。再加上我胆子又大，不论他怎么样搞，我都可以接受，唱片公司给的预算又漂亮……我想他跟我合作应该觉得很过瘾吧！那时候他最大的压力，应该是我们大概半年就发一次专辑，所以他唯一怕的就是，来不及做功课，来不及变。

　　在专辑造型方面，他是主导。每次他听了音乐以后都会问我，有没有什么我想要的方向？我通常都会告诉他说："没有耶，没有什么想法耶！"哈！对造型我通常就是交给他们专业人士去处理，所以他头就更大了……如果我可以讲出一个方向，或是一个图腾，他就可以照着一个目标去走。但我什么都没有，所以对他来说就是一个考验。

而且他等于要一手承担成功和失败。

　　Roger 对音乐是有嗅觉的,他是少数会真的在乎音乐的造型师。当他为专辑做造型,音乐就是那张专辑的出发点。像是《肉饼饭团》那一张,他觉得不管是词或是编曲方向都非常非常时髦和前卫,而且有一点点实验性,所以造型也可以做得边缘一点点,他也觉得要有些这种元素,才比较有趣。

　　Roger 他从不说讨好赞美的话,但总是一语中的。比如,他跟导演开会,就说:"心湄的胸部大到很可怕!你们在造型上一定要注意。"你只要说心湄身材很棒,胸部很丰满,腿很细很长就好了嘛!

　　我就跟 Roger 说："你在称赞我还是在挑剔啊？"即使他在称赞我，听起来也是怪怪的！不过，他总有办法让我变得更美。

　　我想我们会成为好朋友，是因为我们有很多地方都很相似。他很不吝于提携新人。我记得有一次，Roger 来找我借衣服。说有一个新人，来自台湾，第一次踏上红墈，要当张国荣演唱会的嘉宾。那时我虽然没听过他说的这个女孩，但我跟 Roger 说："好啊！你觉得她撑得起来就没问题！"后来我去看了演唱会，才发现这个女孩真的蛮可爱的！她就是舒淇。

　　不管 Roger 累积到什么样的高度，他心里面一直存在着厚实的温暖。而就算 Roger 当时地位已经很高了，手上的案子都是大明星，他还是很热心地提携新人，甚至愿意为此向老朋友开口要帮忙。在这个五光十色的演艺圈里，是让人觉得真心和窝心的。

　　Roger 在我心里就是这样的一个人，一直很内敛、很温暖，不会说好听的话，却永远为人着想。跟他在一起，我们创造了许多好玩的作品，那都是我们现在回想起来，还觉得很过瘾的故事。

在讀完這本書之後，
希望每個人都願意，
也能夠擁有屬於個人的
30分鐘私寵時光

這一是也不難，一是也不
奢侈！
要相信自己是值得的……

ROGER
2012.